Title of the original Germanedition: Rebellenzellen. Eine wilde Reise durch den Körper.
Text: Dr. Johanna Klement, Illustrations: Stephanie Marian

© 2023 Südpol Verlag GmbH, Grevenbroich
All Rights Reserved Korean translation ©2025 by Vision B&P(Greenapple)

This Korean edition published by arrangement with Südpol Verlag GmbH through
Orange Agency, Seoul & mundt agency, Düsseldorf

이 책의 한국어판 저작권은 오렌지에이전시를 통해 Südpol Verlag 와 독점 계약한
비전비엔피(그린애플)에 있습니다.

저작권법에 의해 한국 내에서 보호를 받는 저작물이므로 무단전재와 무단복제를 금합니다.

사용 설명서

친애하는 어린이 여러분께.

이 책은 의료 전문가의 세심한 검토를 거쳤지만, 아플 때 여기서 얻은 정보를 토대로 스스로 진단하거나 치료해서는 안 돼요. 책이 의사 선생님을 대신할 수는 없으니까요. 의사 선생님은 여러분이 아픈 이유를 정확히 파악하고, 딱 맞는 치료를 해 줄 수 있어요. 그러니 이 책의 정보들은 오직 즐거운 책 읽기를 위해서만 사용해 주세요! 알겠죠?

출발! 세포의 여행

우리 몸

요한나 클레멘트 글
슈테파니 마리안 그림

김시형 옮김

그린애플

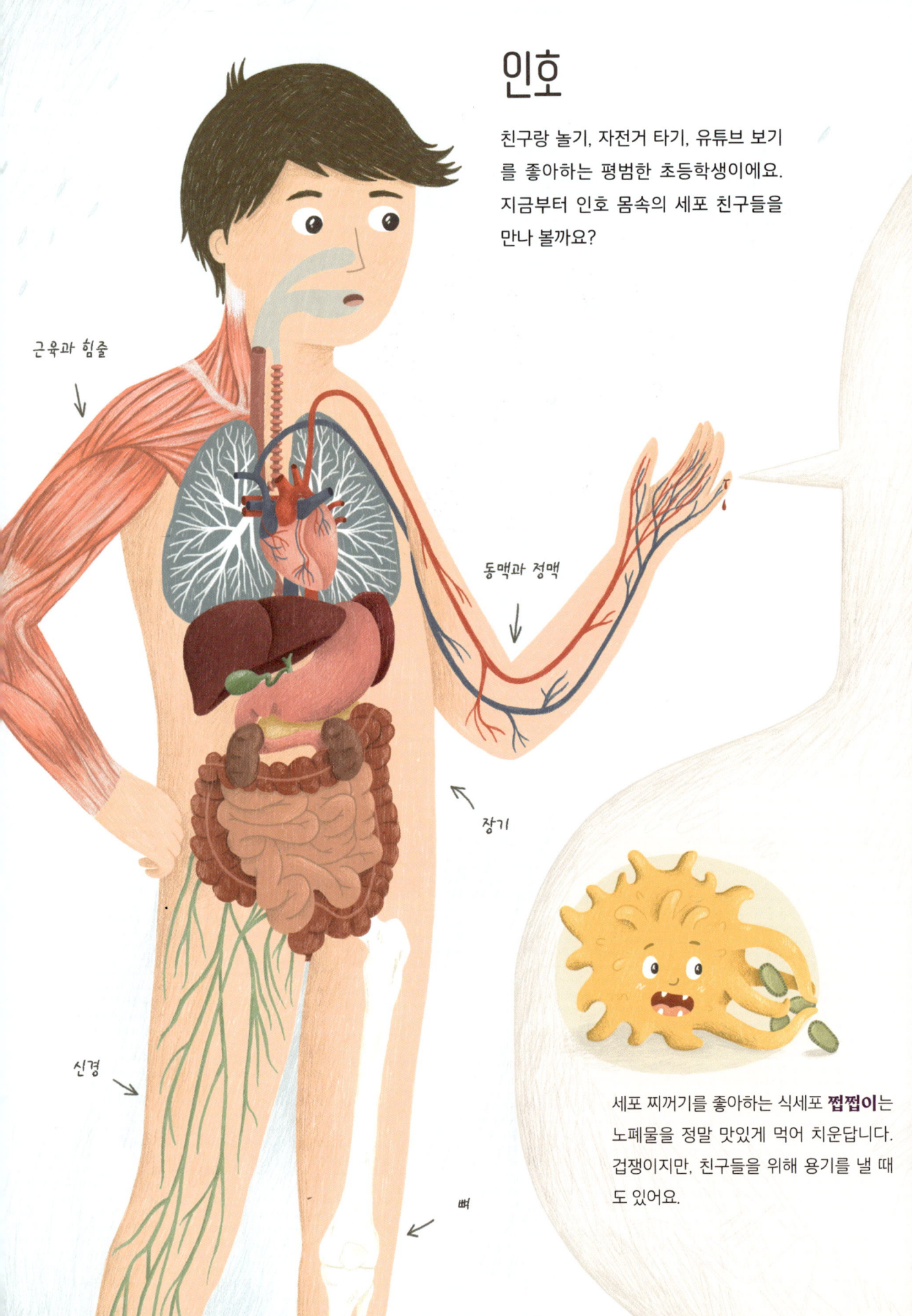

이 밖에도 많은 세포가 우리 몸을 만들어요!

듬듬이는 왼손 새끼손가락에 사는 촉각 세포예요. 호기심도, 몸에 관한 지식도 아주 많아요. 싸움은 싫어하고요. 사실 위험천만한 모험도 별로랍니다.

뽕뽕이는 세포 원정대를 따라 다니는 조그만 세균이에요. 잠자기와 방귀 뀌기가 특기지요.

언제나 용감한 근육 세포 **씩씩이**의 좌우명은 "일단 저지르자! 어떻게든 되겠지!"예요. 보통 어떻게든 되거든요. 하지만 과연 앞으로도 그럴까요?

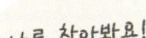
나를 찾아봐요!

요기 작은 세포 보이죠? 이 책 여기 저기에 이 꼬마 세포가 숨어 있어요!

크왕은 덩치 크고 성격이 고약한 깡패 세포예요. **떨거지 세포 둘**과 함께 몸속 곳곳을 누비며 세포들을 겁주죠.

1장 가시의 공격 • 9
우리 몸을 보호하는 피부

2장 우리는 세포 삼총사! • 23
밀고 당기는 근육의 힘

3장 대담무쌍한 계획 • 35
훌륭한 배달 수거 서비스

4장 우당탕탕 혈관 여행 • 51
우리 몸의 엔진, 심장!

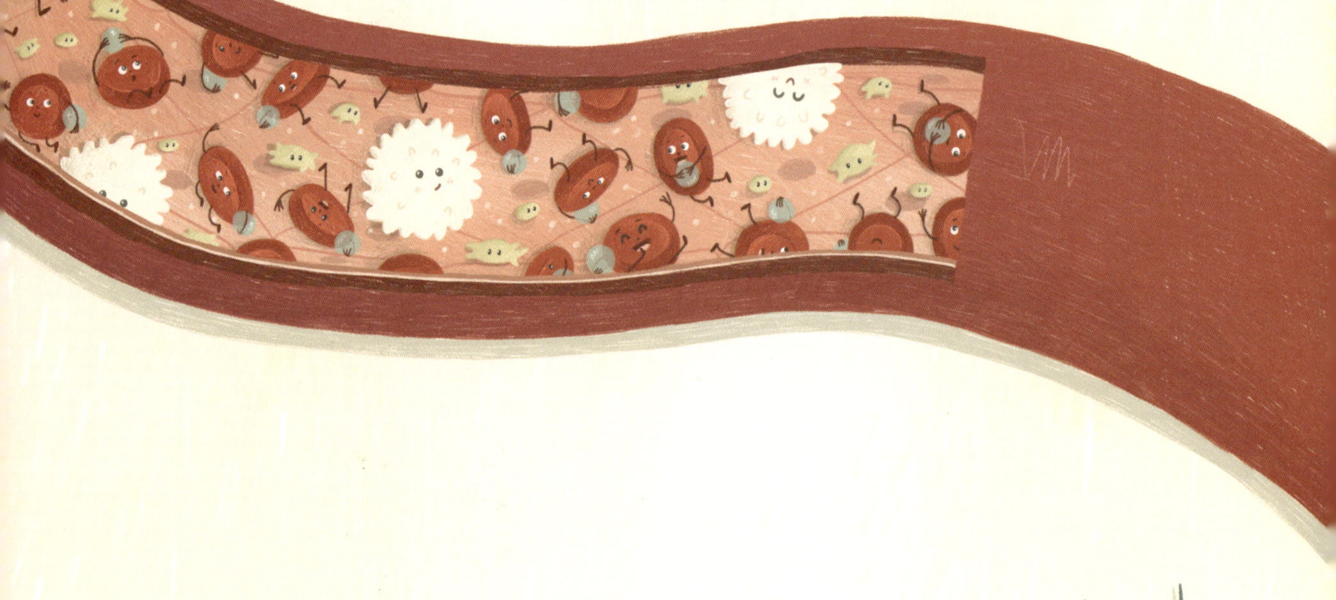

5장 기막힌 광경 • 61
빛의 그림을 그리는 눈

6장 갑자기 대홍수! • 77
냠냠 뿌지직

7장 콧물 속에서 피어난 우정 • 89
냄새의 마법

8장 위험한 만남 • 99
우리 몸 보호대

9장 끈적끈적 콧물을 묻히고 집으로! • 115
콧속 연구소

1장
가시의 공격

인호의 왼쪽 새끼손가락 피부 아래에 살고 있는 조그만 촉각 세포 듬듬이는 한숨을 푹 내쉬었어요.

'어쩜 이렇게 지루하지? 한곳에만 있으니 답답해. 인호 몸 곳곳을 돌아다니면 얼마나 좋을까?'

듬듬이는 눈을 감으면서 중얼거렸어요.

"촉각 세포가 가긴 어딜 가겠어. 후유."

그때 갑자기 다른 세포들이 고함을 지르기 시작했어요.

"조심! 찔렸다! 우아아!"

갑작스러운 비명에 소스라치게 놀란 듬듬이가 눈을 떴어요. 커다란 가시가 눈앞을 밀고 들어왔어요. 인호가 복분자 열매를 따려다가 가시에 찔렸나 봐요! 휙 떠밀린 듬듬이는 무의식적으로 앞에 보이는 근육 세포를 힘껏 붙잡았어요. 듬듬이는 근육 세포와 한 덩어리가 된 채 가시 때문에 혈관에 생긴 커다란 구멍 속으로 빨려 들어갔지요. 적혈구와 백혈구 수백만 개가 출렁출렁 혈액을 타고 두 세포 옆을 휙휙 떠내려갔어요.

"으악!"

겁에 질려 냅다 소리를 지르는 듬듬이와 달리, 근육 세포는 와락 웃음을 터뜨렸어요.

"와, 롤러코스터다!"

듬듬이는 등골이 쭈뼛했어요.

'목숨이 위험한 이런 상황에서 환호성이라고? 많고 많은 세포 중에 하필이면 이런 세포랑 낯선 곳으로 흘러가다니!'

쿵!

듬듬이와 근육 세포는 혈관이 갈라지는 길목에 부딪혀 멈췄어요. 적혈구들이 왼쪽과 오른쪽으로 나뉘어서 휙휙 지나갔죠. 잔뜩 신난 근육 세포는 듬듬이 품에 안긴 채로 발로

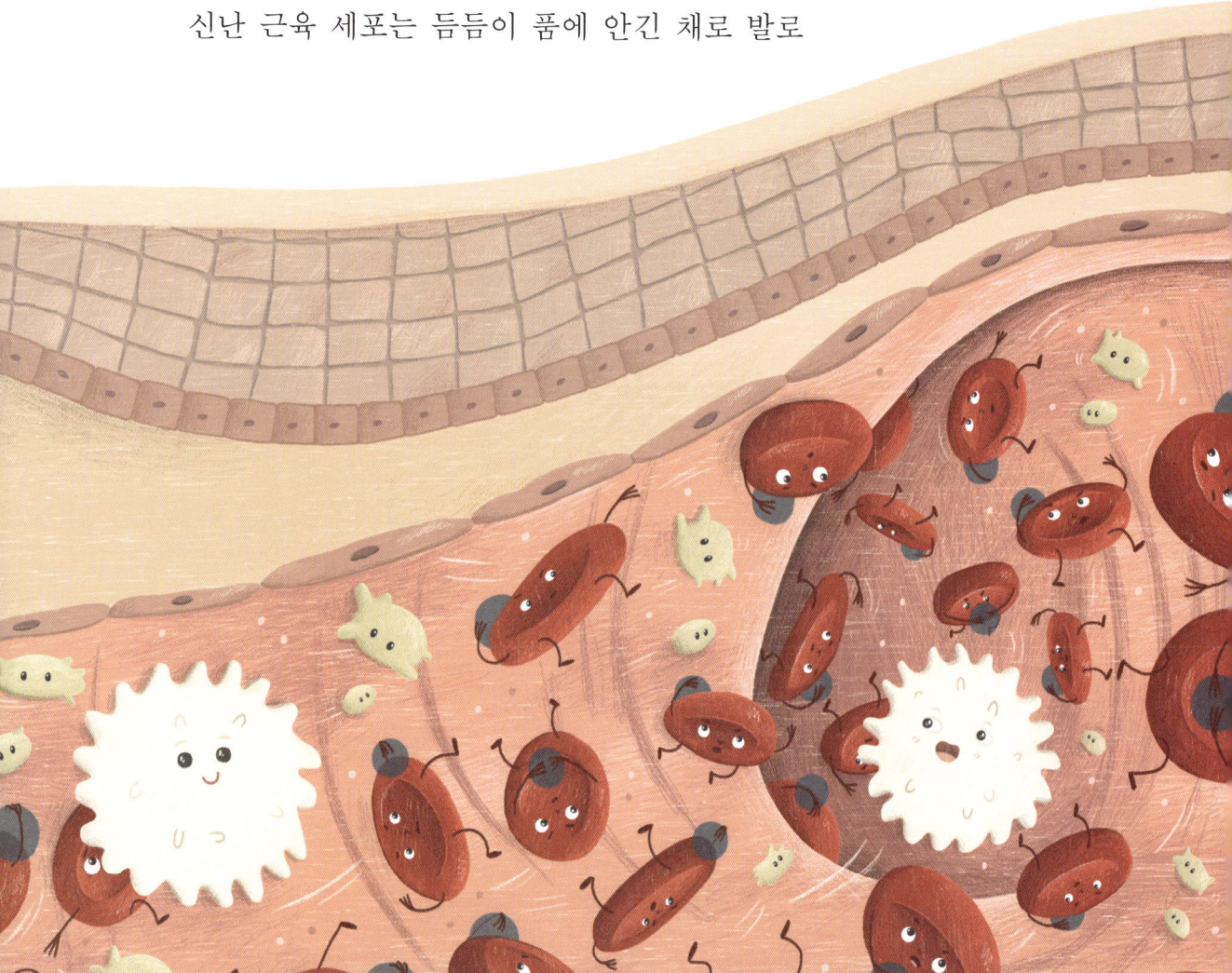

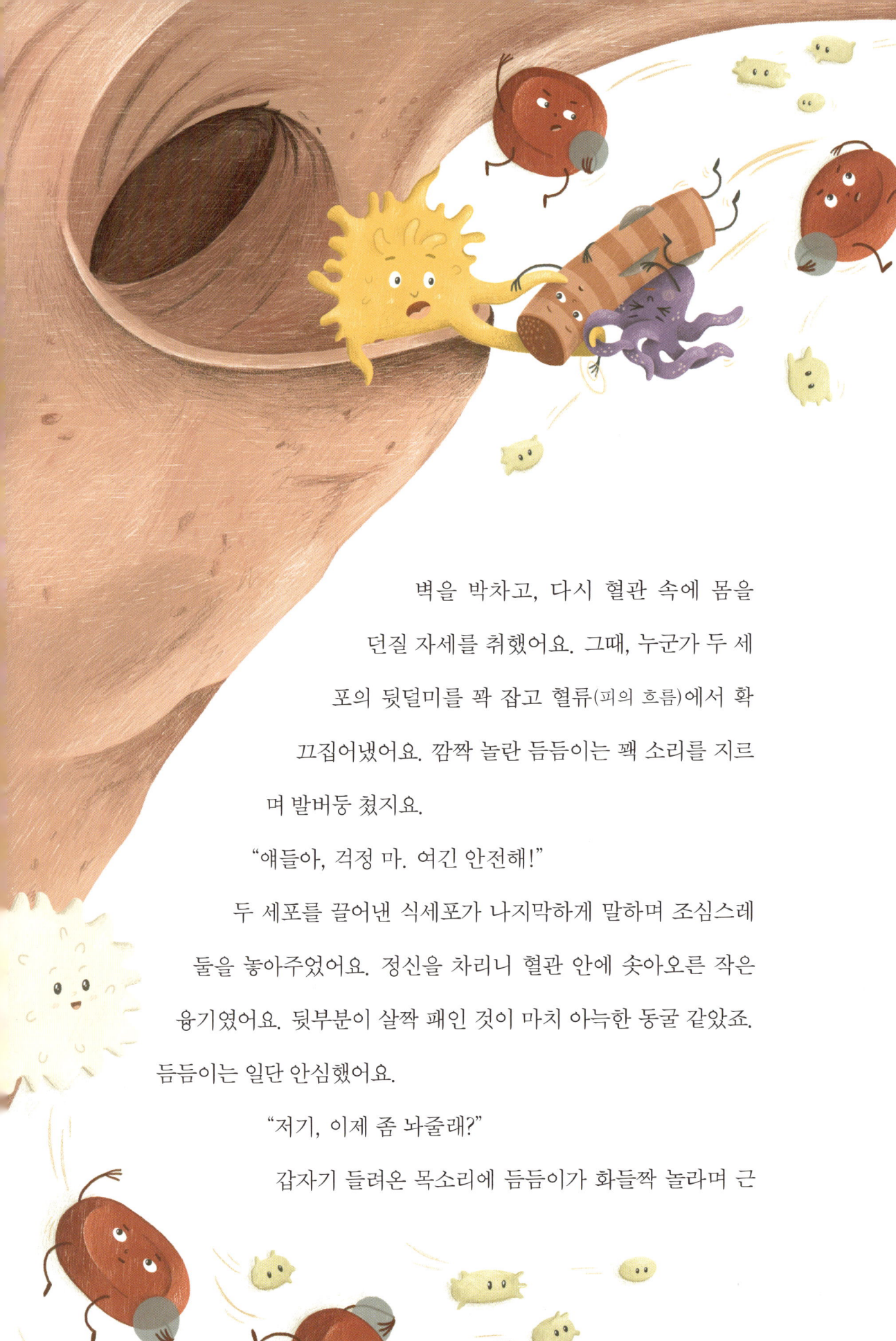

벽을 박차고, 다시 혈관 속에 몸을 던질 자세를 취했어요. 그때, 누군가 두 세포의 뒷덜미를 꽉 잡고 혈류(피의 흐름)에서 확 끄집어냈어요. 깜짝 놀란 듬듬이는 꽥 소리를 지르며 발버둥 쳤지요.

"얘들아, 걱정 마. 여긴 안전해!"

두 세포를 끌어낸 식세포가 나지막하게 말하며 조심스레 둘을 놓아주었어요. 정신을 차리니 혈관 안에 솟아오른 작은 융기였어요. 뒷부분이 살짝 패인 것이 마치 아늑한 동굴 같았죠. 듬듬이는 일단 안심했어요.

"저기, 이제 좀 놔줄래?"

갑자기 들려온 목소리에 듬듬이가 화들짝 놀라며 근

근육 세포가 하는 일을 자세히 알고 싶다면 30쪽을 펼쳐 봐!

육 세포를 꽉 붙잡고 있던 손을 놓았어요.

"앗, 미안!"

근육 세포는 환하게 웃으며 자신을 소개했어요.

"안녕! 나는 씩씩이야. 보다시피 근육 세포지. 세상에, 정말 끝내주지 않니? 나는 항상 재미난 일 좀 생기라고 빌었는데, 오늘 드디어 소원을 이뤘어! 너무 환상적이야! 못

세포란 무엇일까요?

블록으로 높은 건물을 짓는다고 상상해 보세요. 높은 건물을 지으려면 블록이 어마어마하게 많아야겠죠? 다 짓고 난 다음 멀리서 보면 블록 하나하나가 아주 조그맣게 보일 테고요. 우리 몸도 마찬가지예요. 세포는 우리 몸을 이루는 블록과 비슷해요. 다만 크기가 소금 알갱이 하나보다 작지요. 세포가 100개 이상 모여야 겨우 소금 알갱이 하나와 크기가 맞먹을 정도예요. 그래서 아주 좋은 현미경으로 들여다봐야만 세포의 모습을 볼 수 있답니다.

이처럼 작디작은 세포도 살아가기 위해 물, 영양소, 산소를 필요로 해요. 털 세포, 근육 세포, 뼈 세포 등 생김새와 하는 일이 서로 달라도요. 덧붙여 같은 일을 하는 세포들이 한데 모인 곳은 '기관'이라고 하는데, 이를테면 우리 몸 곳곳으로 혈액을 내보내는 심장도 기관 중 하나예요.

세포를 뜻하는 영단어 '셀cell'은 '작은 방'을 의미하는 라틴어 '셀룰라cellula'에서 비롯됐어요.

믿겠어! 그런데 너희는 누구니?"

"나는 듬듬이, 촉각 세포야. 왼손 새끼손가락에 살아. 정확히 말하면, 살았지."

듬듬이는 씩씩이의 눈치를 보며 우물쭈물 말을 이었어요.

"나도 늘 다른 곳도 가고 싶다고 노래를 부르긴 했는데, 이렇게 갑작스럽게 이뤄질 줄은 몰랐어. 어쨌든 미안해, 씩씩아. 나 때문에 너까지 휩쓸렸잖아."

씩씩이가 신난 표정으로 듬듬이를 바라봤어요.

"미안하다니, 무슨 소리야. 내 평생 제일 멋진 경험이었는걸! 네가 나를 잡아당기지 않았다면 나한텐 여행을 떠날 기회가 영영 없었을 거야!"

씩씩이는 몸을 돌려 식세포를 바라봤어요.

"잡아당긴다는 말이 나왔으니 말인데, 너 정말 우리를 잘 잡더라. 너도 혹시 근육 세포니?"

듬듬이가 싱긋 웃었어요.

"웬일이니, 얘 식세포잖아."

씩씩이는 파랗게 질렸어요.

"식세포? 세포들을 잡아먹는 그, 그 식세포?"

"걱정 마, 나 너희 안 먹으니까. 너희는 인호 몸을 이루는 세포잖아. 말하자면 같은 편이지. 나는 죽은 세포 찌꺼기나 병원체만 먹어.

내 이름은 쩝쩝이야. 아까 너무 위험해 보여서 너희를 구한 거야."

쩝쩝이의 말에 씩씩이는 황당하다는 표정으로 대꾸했어요.

"뭐, 구하다니? 얼마나 짜릿하고 재미있었는지 알아? 네가 잡지만 않았어도, 나는 계속 엄청난 경험을 했을 거라고!"

듬듬이는 고개를 절레절레 흔든 다음, 쩝쩝이에게 고맙다고 인사를 했어요. 씩씩대는 씩씩이를 못 본 척하면서요.

"정말 고마워. 네가 붙잡아 주지 않았다면 나는 진짜 1초도 못 버텼을 거야."

씩씩이는 두 세포를 못마땅한 듯 째려보더니 이렇게 외쳤어요.

"나는 도움 따위 안 필요해! 그러니까 다시 저기로 갈 거야."

말을 마친 씩씩이는 몸을 돌려 동굴 밖으로 뚜벅뚜벅 나아갔어요.

우리 몸을 보호하는 피부

보호막 겸 감각 기관

피부는 정말 많은 일을 해요. 더위와 추위로부터 우리 몸을 보호하고 날카로운 것, 세균, 오염, 물이 몸속 기관에 직접 닿지 않게 막아 주죠. 피부는 중요한 감각 기관이기도 해요. 우리 몸에서 무슨 일이 일어나는지 알아차리는 역할을 하거든요. 달팽이 한 마리를 손에 올려놓았다고 상상해 볼까요? 달팽이가 차가운가요, 따뜻한가요? 축축한가요, 보송보송한가요? 간지러운가요, 따가운가요? 눈으로는 어떤 느낌인지 알 수가 없어요. 피부 덕분에 이런 느낌을 알아차릴 수 있지요. 손 위에서 달팽이가 기어다니면 곧바로 피부 세포들이 저마다 열심히 일해요. 오른쪽 그림처럼 말이에요. 우리 주인공 듬듬이도 이런 일을 하는 촉각 세포 중 하나랍니다.

뇌의 명령을 받는 촉각 세포

촉각 세포가 받아들인 정보는 신경을 거쳐 뇌로 전달돼요. 신경은 '뇌라는 슈퍼컴퓨터'로 정보를 실어 나르는 '전선줄'이거든요. 그러면 뇌가 근육에게 어떻게 일하라고 명령하지요. 이 명령도 신경이 전달하고요.
'오, 기분 좋은데? 계속해!'
'으악, 별로야! 그만!'
그렇다고 뇌가 모든 행동을 제어하지는 않아요. 혹시라도 위험한 상황에 빠진다면, 뇌보다 빠르게 판단하고 움직여야 하잖아요? 뜨거운 냄비에 손이 닿으면 순식간에 손을 떼야 하니까요. 이렇게 뇌가 명령하지 않아도 몸이 저절로 움직이는 걸 '반사'라고 한답니다.

피부 세포들이 뇌에 보내는 신호

우리 몸속 척추에는 아주 많은 신경이 줄지어 지나는데, 이를 '척수'라고 부르지요.

뇌에서 감각을 처리하는 영역

신경

척수

털

표피

진피

피하 지방

신경 섬유

온도 감각 세포

촉각 세포

통각 세포

달팽이는 차가워.

촉촉하고 살짝 꺼끌꺼끌해.

달팽이는 하나도 아프게 하지 않아.

촉각 세포의 위치?

촉각 세포는 피부 곳곳에 다 있지만, 손가락에 제일 많아요. 그래서 손가락을 쓰면 주변을 꽤 잘 파악할 수 있죠. 입술과 혀에도 촉각 세포가 몰려 있어요. 그래서 아기들이 새로운 물건을 보면 일단 입에 넣고 혀로 맛보는 거랍니다.

한 달 뒤 피부는 완전히 새것!

피부는 30일에 한 번씩 새로운 세포로 교체돼요. 피부 제일 안쪽에서 새 세포가 자라나고 오래된 겉 세포는 떨어지죠. 집 안에 생기는 먼지 중 많은 부분이 우리 몸에서 떨어져 나온 피부 세포랍니다.

내 촉각은 얼마나 예민할까요?

눈을 감고 세 가지 다른 물건을 손에 들어 보세요. 셋 다 손으로 만져서 구분할 수 있나요? 이번에는 여러분이 아끼는 푹신푹신한 동물 인형 3개를 고르고, 눈을 감고 만져 보세요. 지금 만지는 인형이 어떤 인형인지 알아맞힐 수 있나요? 지금 한번 도전해 보세요!

촉각 세포로 읽는 알파벳

종류가 다른 동전의 가장자리 무늬를 각각 만져 보세요. 서로 다른 것이 느껴지죠? 시각 장애인들은 이렇게 물건의 겉면을 손으로 만져 정보를 읽어요. 대표적인 것이 점자예요. 점자는 종이나 표지판 위에 볼록하게 돋은 점으로 이루어진 글자로, 약 200년 전 프랑스 사람 루이 브라유가 만들었어요. 점자는 6개 자리가 있고, 알파벳마다 서로 다른 위치에 볼록한 점이 배치돼 있어요. 여러분 집에 약 포장 상자가 있다면 한번 옆면을 가만히 만져 보세요. 겉에 올록볼록 튀어나온 점들이 느껴질 거예요. 그게 바로 점자랍니다.

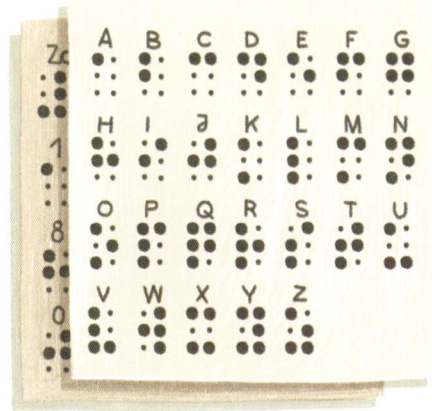

2장 우리는 세포 삼총사!

 씩씩이가 동굴 바깥으로 머리를 내민 순간, 적혈구 하나가 쏜살같이 다가와 퍽! 하고 머리를 치고 지나갔어요. 그 바람에 균형을 잃은 씩씩이는 동굴 밖으로 고꾸라질 뻔했지요.
 "으아앗!"
 정말 다행히도 쩝쩝이가 재빨리 씩씩이의 발을 붙잡아 다시 동굴 안으로 끌어당겼어요.
 "바깥이 아주 안전해 보이지는 않아. 그렇지?"
 쩝쩝이의 말에 씩씩이가 머리에 난 혹을 문지르며 대꾸했어요.
 "뭐, 그러네. 두 번이나 구해 줘서 고마워."
 쩝쩝이가 씩 웃으며 답했어요.

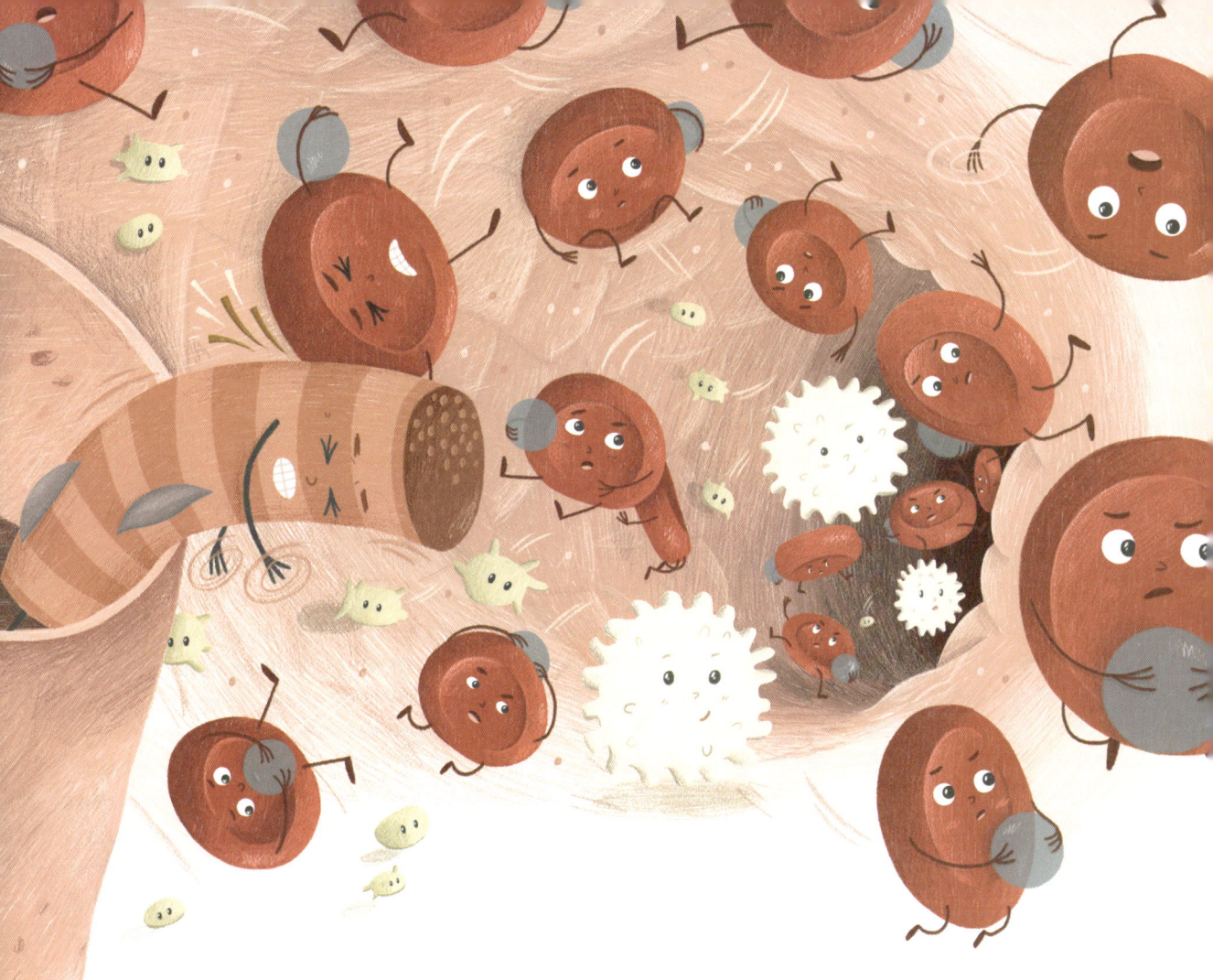

"천만에. 그런데 너희는 어쩌다 여기까지 온 거야?"

듬듬이가 조금 전 새끼손가락에서 벌어진 일을 자세히 이야기했어요. 조조의 왼쪽 새끼손가락이 가시에 찔려서 여기까지 떠밀려 왔다고요. 듬듬이의 말이 끝나자 씩씩이가 이렇게 덧붙였어요.

"그러다 방금 네가 우리를 붙들어서 여기 있는 거고. 우리 이야기는 이게 다야. 그나저나 이제 네 이야기 좀 해 줘. 우리야 같은 곳에 콕 박힌 신세였지만, 넌 식세포니까 이곳저곳 안 가 본 데가 없겠네! 코에도 가 봤어? 거기는 정말 다 끈적끈적, 미끌미끌하니?"

씩씩이와 듬듬이가 기대 어린 표정으로 쩝쩝이를 바라봤어요. 쩝쩝이는 난처한 듯 눈을 내리깔았어요.

"어, 그러니까, 음…… 나는 잘 모르겠어."

듬듬이가 다시 질문했어요.

"코에는 안 가봤구나? 그럼 네가 가 본 데 중에서 제일 근사한 곳은 어디야?"

쩝쩝이는 우물우물 대답했어요.

"팔꿈치에 있는 이 동굴이 내가 제일 좋아하는 데야. 엄지 쪽도 나쁘지 않아. 거기도 아늑한 동굴이 몇 군데 있거든."

씩씩이가 고개를 갸웃했어요.

"아니, 팔 말고 다른 데 말이야. 다른 데는 어떠냐고."

쩝쩝이는 다시 어물어물 답했어요.

"가 보지 않아서 잘 몰라."

놀란 씩씩이가 큰 소리로 말했어요.

"무슨 소리야? 아니, 몸 안을 돌아다니면서 찌꺼기랑 병균을 잡아먹는 게 네가 하는 일 아니니? 그런데 다른 곳에 안 가 봤다고?"

쩝쩝이는 울기 시작했어요.

"얘들아, 제발 몰아붙이지 마. 나 말고 다른 식세포들도 여기저기 있잖아. 다른 곳에서는 다른 식세포들이 열심히 일하고 있다고. 정말이야."

듬듬이가 훌쩍이는 쩝쩝이를 살며시 안아 주며 다정하게 어깨를 토닥였어요.

"알았어, 괜찮아. 멀리 안 가 본 게 뭐 어때서."

이어서 씩씩이를 돌아보며 말했어요.

"쩝쩝이한테 아무래도 말 못할 사연이 있나 봐."

씩씩이가 짜증을 냈어요.

"대체 무슨 사연인데?"

쩝쩝이가 눈물을 닦더니 '휴' 하고 한숨을 내쉬었어요.

감정이란 무엇일까요?

만약 산책길에 자주 마주쳐 익숙해진 강아지가 꼬리를 살랑대며 다가온다면 반갑겠죠? 덩치 큰 개가 송곳니를 드러내고 으르렁거리면 겁이 날 테고요. 이처럼 감정은 우리가 무언가를 결정할 때 중요한 기준이 돼요. 귀여운 강아지에게 가까이 다가가 쓰다듬을지, 무서운 개에게서 멀찍이 도망갈지 말이죠. 이처럼 감정은 올바른 판단의 기준이 되곤 하므로, 아주 중요하답니다.

→ 감정 수수께끼에 도전! ←

화, 놀람, 사랑, 슬픔, 기쁨, 실망, 혐오, 뿌듯함. 우리한텐 정말 수많은 감정이 있어요! 감정 알아맞히기 게임을 해 볼까요? 친구나 가족 한 사람과 마주 앉아 보세요. 이제 마음속으로 한 가지 감정을 떠올린 다음 셋까지 천천히 세며 표현해 봐요.

상대방이 내 감정을 알아맞혔나요? 이번에는 상대방이 짓는 표정을 보세요. 여러분은 상대방이 어떤 감정인지 알아맞혔나요?

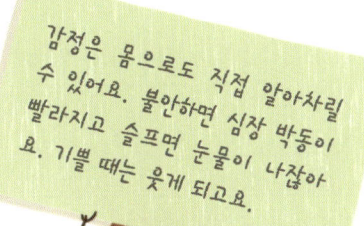

감정은 몸으로도 직접 알아차릴 수 있어요. 불안하면 심장 박동이 빨라지고 슬프면 눈물이 나잖아요. 기쁠 때는 웃게 되고요.

채식주의자는 고기를 먹지 않아요.

"좋아, 솔직하게 말할게. 나는 세포 찌꺼기를 아주 잘 먹어. 하지만 병원체는 먹지 않아. 세균이나 바이러스도 도무지 삼킬 수가 없어."

씩씩이는 깜짝 놀란 목소리로 끼어들었어요.

"넌 채식주의자 식세포인 셈이구나!"

쩝쩝이는 차분한 목소리로 말을 이어 갔어요.

"다른 식세포들은 이런 나를 비웃고 놀려. 그래서 그냥 혼자 왼팔에 숨어 있는 거야. 그래서 여기 왼팔은 진짜 훤히 꿰고 있어. 어디 골짜기가 있는지, 동굴이 있는지 다 가 봐서 알거든. 아마 숨바꼭질을 하면 내가 1등 할걸?"

쩝쩝이의 목소리가 한결 밝아졌어요. 정말 숨바꼭질을 잘하나 봐요. 듬듬이는 쩝쩝이를 다정하게 바라보며 자기 이야기를 꺼냈어요.

"나도 항상 내가 다른 촉각 세포들과는 좀 다르다고 생각했어. 다들 나보고 뭐 그렇게 궁금한 게 많냐고 하더라고."

씩씩이가 듬듬이의 말을 받았어요.

"너희 말을 듣고 보니, 나도 비슷한 거 같아. 왜, 손가락을 움직이려면 근육을 이루는 세포들은 한꺼번에 조였다가 한꺼번에 힘을 풀어야 하잖아. 하지만 나는 그렇게 남들을 따라 하는 게 늘 싫었어. 그래서 옆에 있던 세포들은 나를 청개구리라고 불렀지."

쩝쩝이가 활짝 웃으며 말했어요.

"와, 우린 셋 다 엉뚱하구나. 엉뚱 삼총사네! 나, 지금 난생처음 친구가 생긴 느낌이야. 정말 기분이 너무 좋다."

밀고 당기는 근육의 힘

씩씩한 근육 세포의 역할

우리 몸에는 200개가 넘는 뼈가 있어요. 뼈와 뼈는 관절로 연결되고, 근육은 뼈를 움직여요. 또, 근육과 뼈는 힘줄이라는 이음 끈으로 이어져요. 근육에는 씩씩이 같은 근육 세포들이 수없이 많아요. 이 근육들은 힘줄을 잡아당기는 일을 하지요. 마치 많은 사람이 하나의 밧줄에 매달려 다 함께 큰 트럭을 끌어당기는 원리와 비슷해요. 다만 근육은 당길 줄만 알고, 밀지는 못해요. 그래서 반대 동작을 하려면 반대쪽 방향에서 잡아당기는 근육이 있어야 하지요.

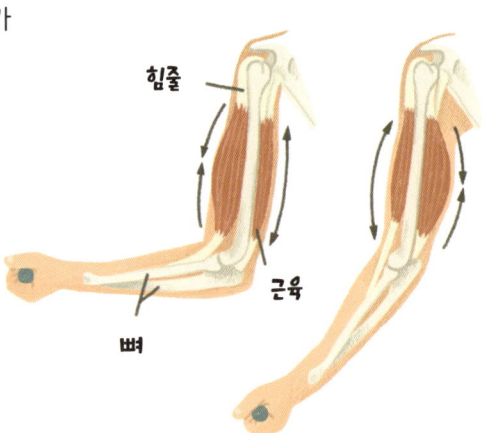

욱신욱신 근육통 낫는 법?

시간 가는 줄 모르고 뛰어논 다음 날, 다리가 뻐근해서 깜짝 놀란 적이 있나요? 한꺼번에 많은 일을 하면 근육에 가느다란 상처가 많이 생겨서 근육통이 생겨요. 그렇지만 근육통이 심하다고 하더라도 너무 걱정할 필요는 없어요. 푹 쉬면서 아픈 부위를 따뜻하고 해 주고, 부드럽게 풀어 주면 대부분 며칠 만에 아픔이 사라지니까요.

움직임이 각기 다른 근육의 종류

가로무늬 근육

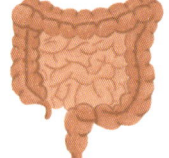
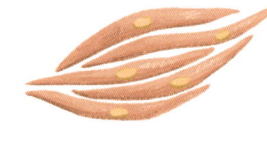

민무늬 근육

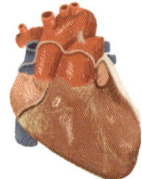

심장 근육

우리 몸에는 600개가 넘는 근육이 있어요. 그중 팔다리의 가로무늬 근육은 마음먹은 대로 움직일 수 있지만, 위장 등의 민무늬 근육은 뜻대로 통제할 수 없어요. 그런데 우리의 의지대로 움직일 수 없는 근육이 민무늬 근육뿐일까요? 사실 심장 근육도 움직임을 자유롭게 조절할 수는 없어요. 생명을 유지려면 심장이 쉬지 않고 뛰며 우리 몸 구석구석에 혈액을 퍼뜨려야 하니까요.

심장 근육에 대해서는 58~59쪽에서 더 자세히 알아볼 거야.

힘세고 강하고 멋진 근육!

운동선수들의 근육이 유난히 크고 탄탄한 까닭은 무엇일까요? 우리보다 근육 개수가 더 많아서? 그럴 리는 없죠. 모든 사람이 타고난 근육 숫자는 같으니까요. 다른 점은 부피예요. 운동선수들은 꾸준한 훈련으로 근육을 두껍고 크게 키워요. 그렇게 커진 근육이 강한 힘을 발휘하는 덕분에 운동 경기에서 신기록이 나오기도 하는 거랍니다.

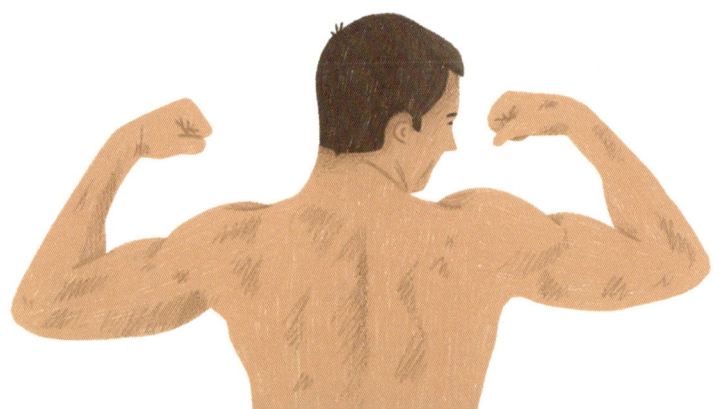

근육 기네스북?

새끼손가락의 근육 세포인 씩씩이는 몸을 길게 늘이는 데 소질이 뛰어나요. 그렇다면 몸 속 다른 근육들은 어떤 장점을 가졌는지 살펴볼까요?

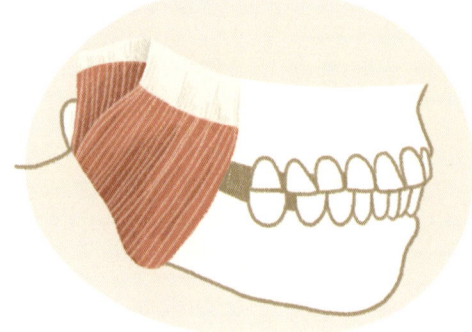

가장 힘센 근육

손가락을 뺨 뒤쪽, 귀 가까이 대 보세요. 그다음 턱을 움직여 윗니와 아랫니를 힘주어 다물어 보세요. 손가락에 느껴지는 단단한 부분이 바로 저작근, 씹기 근육이에요. 저작근은 우리 몸에서 가장 힘이 세지요.

가장 활발한 근육

고개를 움직이지 않은 채 눈만 빠르게 움직여서 왼쪽, 오른쪽, 위쪽, 아래쪽을 쳐다보세요. 그때 움직이는 기관이 눈 근육이에요. 우리가 잘 때 꿈을 꾸면 눈꺼풀 아래에서 열심히 눈 근육이 이쪽저쪽으로 움직인답니다. 이렇게 잠든 상태에서 눈이 활발히 움직이는 모습을 가리켜 '급속 안구 운동(REM Rapid Eye Movement) 수면'이라고 불러요.

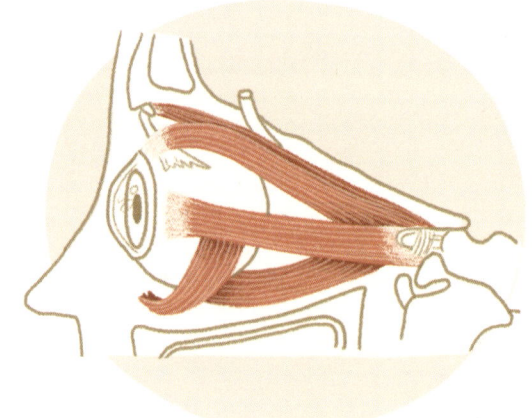

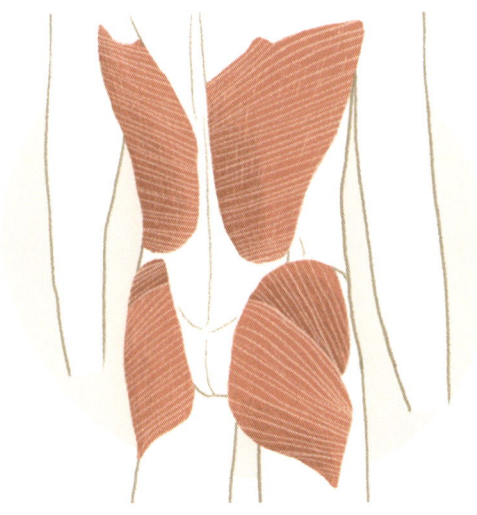

가장 큰 근육

배를 깔고 바닥에 엎드린 상태에서 팔다리를 최대한 뻗어 보세요. 어디에 자극이 오나요? 등하고 엉덩이에 오지 않나요? 등에 위치한 광배근은 우리 몸에서 가장 넓게 펼쳐진 근육이에요. 엉덩이를 감싸는 대둔근은 근육 중 자리를 제일 많이 차지하고요..

가장 긴 근육

가끔 책상다리(가부좌)를 하고 앉기도 하나요? 이때 사용하는 근육이 몸에서 제일 긴 근육이에요. 이 근육은 허벅지가 시작되는 골반부터 정강이까지 길게 이어져요. '넙다리빗근' 또는 '봉공근'이라고 하지요.

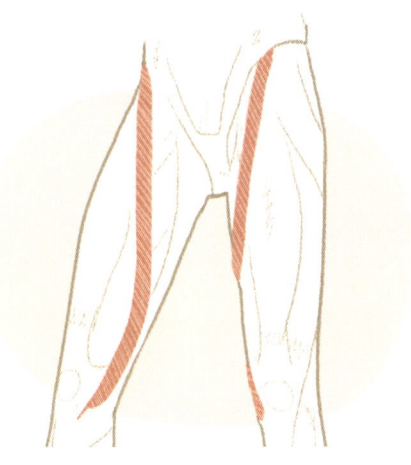

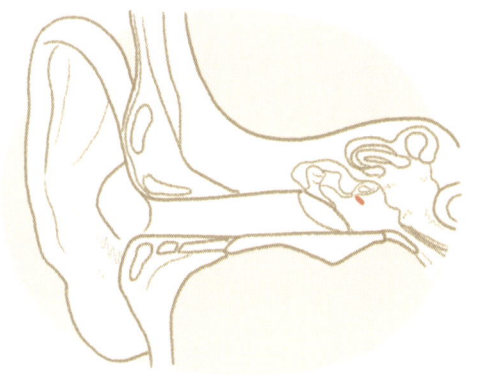

가장 작은 근육

크고 높은음으로 소리를 질러 보세요! 이때 몸에서 가장 작은 근육이 작동하기 시작해요. 등자근이라는 근육이며, 쌀 한 톨과 비슷한 크기예요. 등자근은 귀 안쪽에서 크고 센 소리로부터 귀를 보호해요.

훌륭한 배달 수거 서비스

3장
대담무쌍한 계획

　동굴 안에 나란히 누운 셋은 도란도란 각자의 바람을 이야기했어요. 쩝쩝이가 제일 먼저 입을 열었지요.

"몸속 이곳저곳에 가 보는 꿈이야 많이 꿨지. 귀에 가면 신나는 음악을 들을 수 있겠지? 맛있는 귀지는 또 얼마나 잔뜩 있을까!"

듬듬이도 설렘 가득한 목소리로 읊조렸어요.

"나는 한 번만 뇌에 가봤으면 좋겠어. 거기에는 무엇이든 다 아는 신경 세포들이 잔뜩 있잖아!"

"난 엉덩이! 엄청 커다란 대둔근(엉덩이 근육)을 직접 눈으로 보고 싶어! 요리조리 움직이는 혀도 궁금하고!"

씩씩이는 벌떡 일어나 신나게 떠들어 댔어요. 그 모습에 듬듬이가 작게 한숨을 내쉬었어요.

"정말 재미있겠지만, 모든 곳을 다 갈 순 없어."

씩씩이는 듬듬이의 말에 이렇게 대꾸했어요.

"어쨌든 나는 '어디든 간다'에 한 표!"

그러더니 슬쩍 쩝쩝이의 눈치를 보며 덧붙였지요.

"다만 쩝쩝이도 같이 가야 해."

쩝쩝이는 어깨를 움찔하고, 듬듬이는 물끄러미 씩씩이를 바라보았어요. 씩씩이는 새삼스레 이마에 난 혹을 문지르며 중얼거렸어요.

"길을 잘 아는 누군가 있어야 혈관 속에서 사고가 나지 않을 테니까 말이야……."

쩝쩝이는 우물쭈물 대답했어요.

"아…… 나는, 뭐…… 그래. 셋이니까 괜찮을 수도 있겠네."

쩝쩝이의 대답에 씩씩이가 신나서 폴짝폴짝 뛰었어요.

"그럼 어디부터 갈까? 첫 목적지는 어디야?"

듬듬이가 꿈꾸듯 먼 곳을 바라보며 중얼거렸어요.

"밖에 나가서 인호 몸을 볼 수 있다면 얼마나 좋을까? 우리가 사는 몸이 어떻게 생겼는지 보고 싶어."

그 말에 화들짝 놀란 쩝쩝이가 소리쳤어요.

"뭐? 우리는 몸 바깥으로 나가면 죽어!"

"애들아, 인호 몸은 모르겠지만 바깥은 볼 수 있는 방법이 있어! 밖을 보는 곳이 있잖아. 다들 몰라?"

들떠서 이야기하는 씩씩이에게 듬듬이가 되물었어요.

"눈으로 가자는 소리야?"

씩씩이는 자기 생각이 마음에 든다는 듯 펄쩍펄쩍 뛰었어요.

"맞아! 눈물 속에 자리를 잡고 살살 움직이면, 우리가 꿈꾸던 환상적인 모습을 볼 거야. 아무 문제없이 무사히 도착할 수 있어, 분명해!"

쩝쩝이는 고개를 절레절레 흔들면서도 이렇게 답해 줬어요.

"지금 내 머릿속에 적어도 천 가지 정도의 위험 요소가 떠오르지만, 뭐, 나쁘지 않은 생각이야."

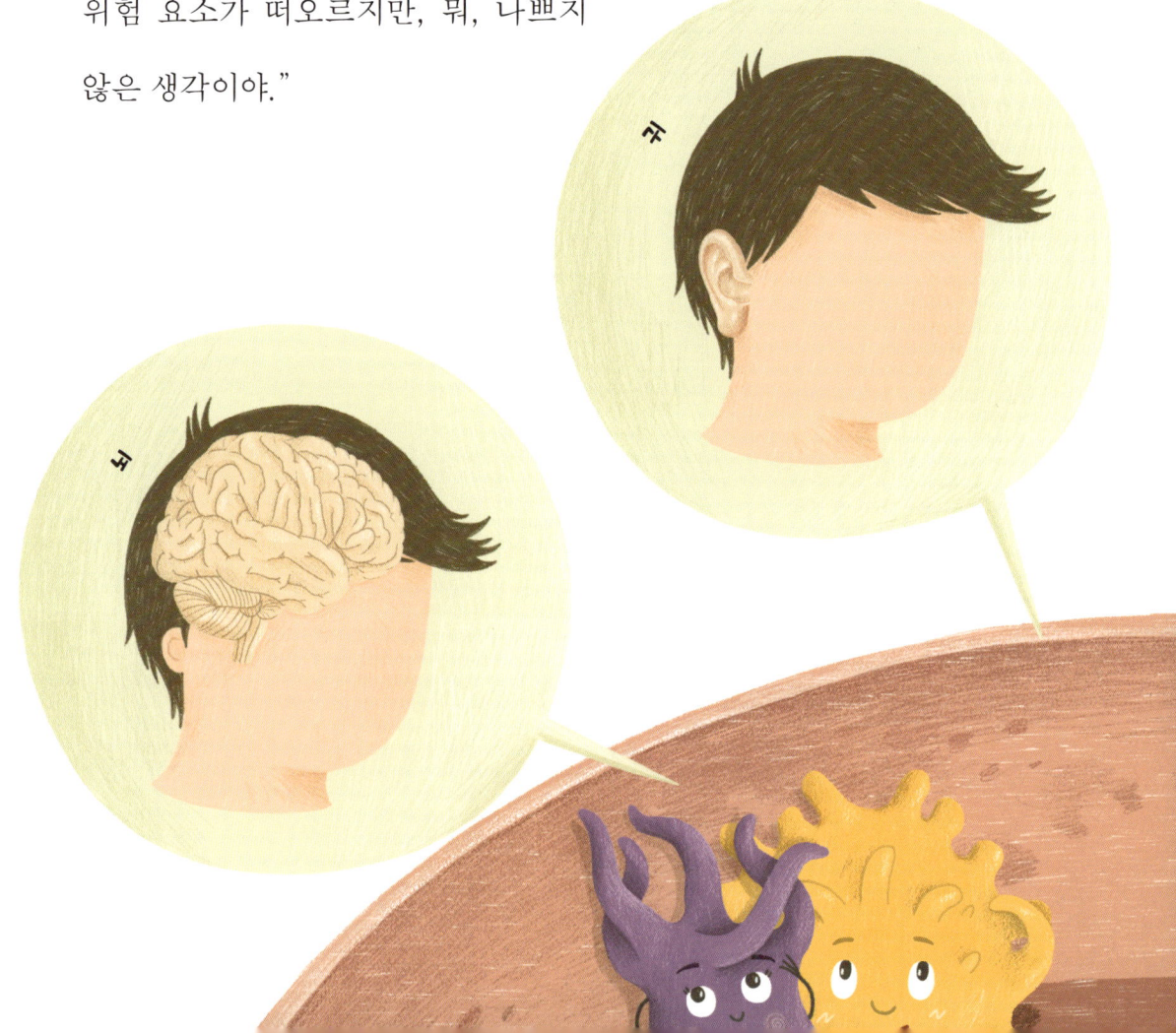

듬듬이는 약간 긴장한 듯했지만, 그래도 웃으면서 맞장구를 쳤지요.

"성공만 하면 우리는 혁명 세포들이 되는 거야."

곧바로 웃음기를 거두고 비장하게 덧붙였지만 말이에요.

"그러려면 계획이 필요해."

씩씩이가 짜증스러워했어요.

"계획이 뭐 별거니? 첫째, 혈액 속으로 풍덩 뛰어든다. 둘째, 아무와도 부딪히지 않게 조심한다. 셋째, 눈에 도착하면 혈액에서 빠져나온다. 끝! 에이, 팔에서 눈까지 멀면 얼마나 멀다고."

쩝쩝이가 숨을 꿀꺽 삼켰어요.

"그게 말처럼 그렇게 간단하지가 않아……."

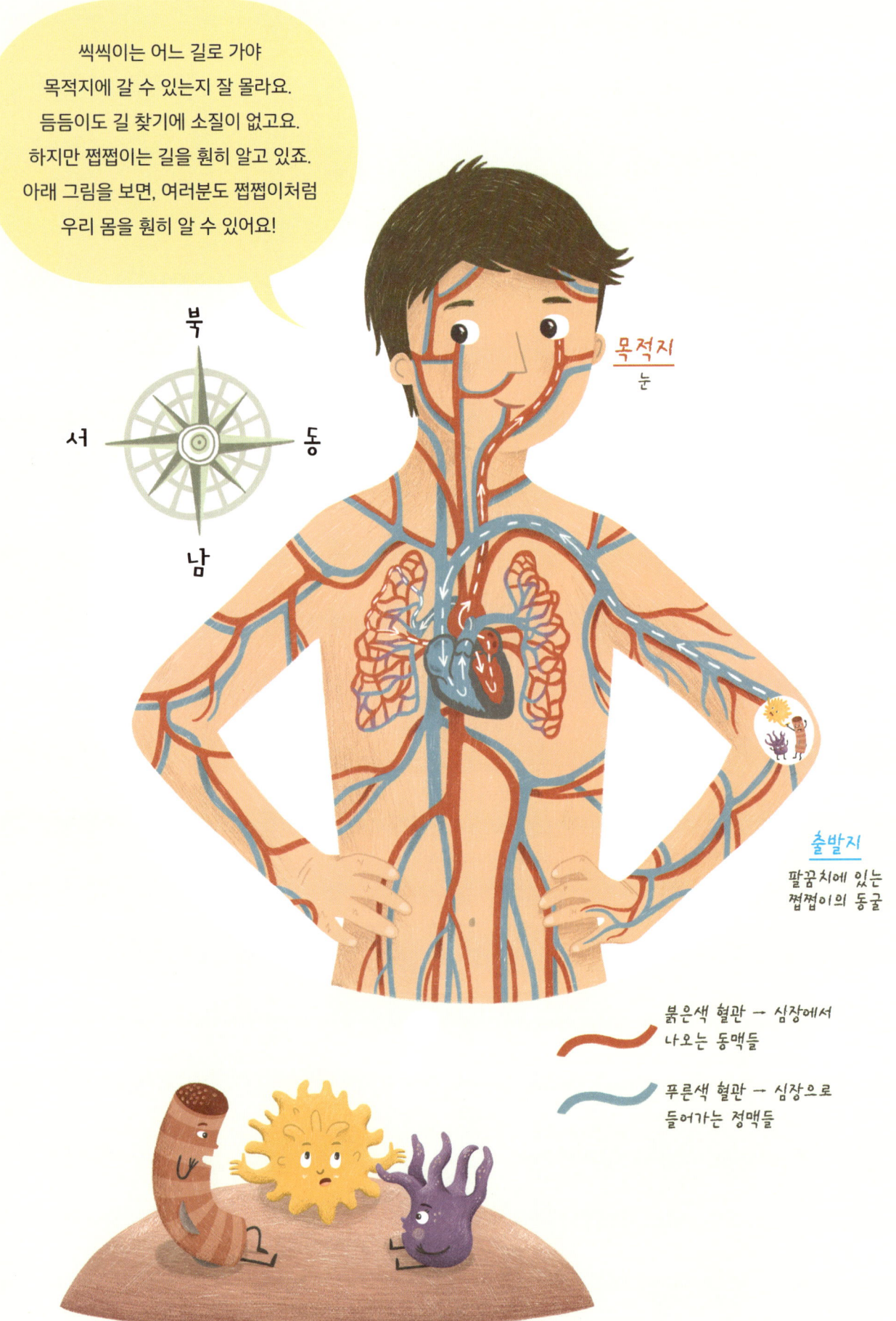

씩씩이는 깜짝 놀랐어요.

"혹시 눈까지 가는 길을 모르는 건 아니겠지?"

쩝쩝이는 발끈했어요.

"무슨 소리야! 당연히 알지! 팔의 정맥을 타면 오른쪽 심장까지 갈 수 있어. 거기서는 자동으로 폐를 거쳐 왼쪽 심장으로 가게 될 거야. 그다음부터는 혈관이 갈라지는 지점마다 정신을 똑바로 차려야 해. 아오르타Aorta를 탄 다음 아르테리아 카로티스 코무니스Arteria

의사들이 암호를 쓴다고요?

의사들은 가끔 낯선 단어로 말할 때가 있어요. 몸의 부위나 증상을 가리킬 때 라틴어나 옛 그리스어를 사용하기 때문이지요. 동료 의료진들에게 환자가 정확히 어느 뼈가 부러졌는지, 어떤 병원균이 병을 일으켰는지 콕 집어서 말해야 알맞게 치료할 수 있거든요. 이 용어들은 모든 나라가 똑같이 사용해요. 그래야만 다른 나라의 의사들도 모두 같은 뜻을 떠올릴 테니까요.

'아르테리아 팔페브랄리스 라테랄리스'가 뭘까요?

아르테리아Arteria란 동맥을 뜻해요. 즉, 심장에서 몸쪽으로 나가는 혈관이죠. 그럼 팔페브랄리스Palpebralis는요? 바로 눈꺼풀입니다. 아하, 그럼 눈 쪽으로 가는 혈관이네요! 마지막으로 라테랄리스Lateralis는 옆을 뜻하는 말이에요. 세 가지를 합치면 눈꺼풀 가장자리의 혈관이라는 뜻이에요. 비밀이 풀렸죠? 의학 용어들은 알고 보면 쉽게 풀 수 있는 암호예요. 여러 번 반복해서 외워야 제대로 쓰고, 알아들을 수 있을 뿐이죠.

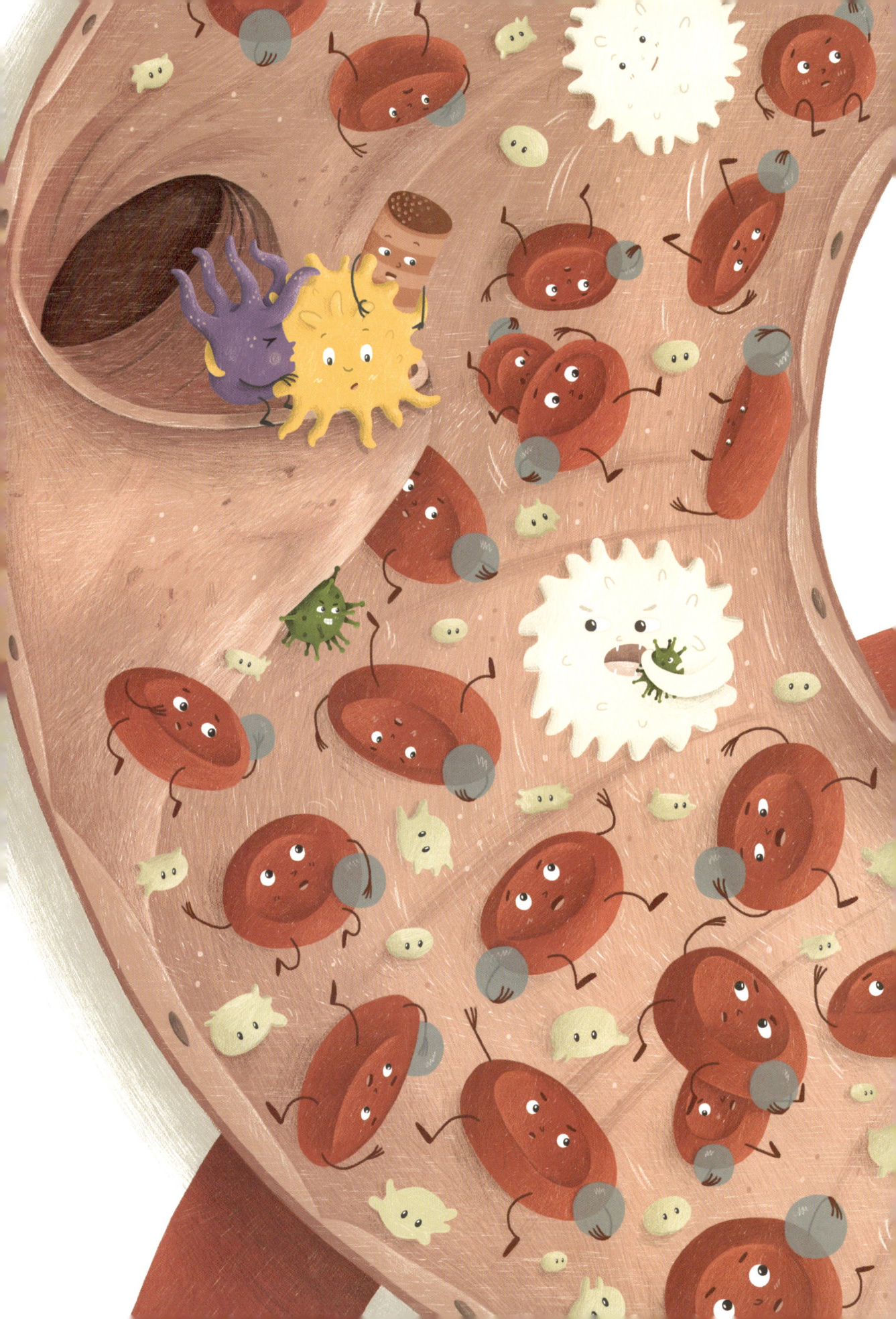

지금부터 본격적으로
몸속 여행을 떠나 봐요!

carotis communis, 아르테리아 카로티스 인테르나Arteria carotis interna, 아르테리아 오프탈미카Arteriaophtalmica, 아르테리아 라크리말리스Arterialacrimalis, 이 순서대로 가야 하거든. 그다음 아르테리아 팔페브랄리스 라테랄리스Arteriapalpebralislateralis로 가면 눈이야."

듬듬이의 눈이 휘둥그레졌어요.

"너 혈관 이름을 모두 다 외워?"

쩝쩝이는 아무것도 아니라는 듯 덤덤하게 대꾸했어요.

"몸 지도는 전체적으로 다 알아."

아쉽게도 그다음 말은 덤덤하지 못했지만 말이죠.

"너희 이게 무슨 뜻인지 아니? 한 번에 눈까지 가는 방법은 없다는 뜻이야! 우리는 무조건 심장이랑 폐를 거쳐야 해."

그렇게 말하는 쩝쩝이의 눈은 근심 걱정으로 가득 찼고, 이마에는 땀이 송글송글 맺혔어요. 그 모습을 본 씩씩이는 걱정 말라는 듯 쩝쩝이의 어깨에 손을 얹었어요.

"오히려 좋지! 어차피 몸속 구석구석 둘러보고 싶었잖아. 가는 길에 겸사겸사 관광도 하고. 걱정하지 마. 끝내주는 경험이 될 거야!"

쩝쩝이가 크게 숨을 내쉬며 말했어요.

"알았어……. 어쨌든 너희가 같이 있으니까."

듬듬이가 휙휙 스쳐 지나가는 적혈구들을 쳐다보며 물었어요.

"그런데 어떻게 쟤네들한테 부딪히지 않고 눈까지 이동하지? 솔직하게 말하면, 나는 내릴 곳을 지나치지 않고 무사히 혈관을 갈아탈 자신이 없어."

쩝쩝이가 잠시 고민한 끝에 어쩔 수 없다는 듯 말했어요.

"이렇게 하자. 너희는 양옆에서 나를 꽉 붙들어. 그럼 내가 너희 둘을 이용해서 방향을 잡을게. 어때? 괜찮을까?"

씩씩이가 쩝쩝이에게 몸을 바짝 붙이며 외쳤어요.

"그럼, 그럼! 괜찮고말고!"

듬듬이도 조심스레 고개를 끄덕이더니 쩝쩝이를 꽉 붙들고 눈을 질끈 감았어요. 쩝쩝이는 "하나, 둘, 셋!" 세더니 동굴 바깥으로 폴짝 뛰어내렸어요.

훌륭한 배달 수거 서비스

유능한 핏속 친구들

훌륭한 공급 체계인 피는 폐기물 처리 서비스도 제공해요. 우리 몸의 세포들은 혈액이 실어 나르는 산소와 영양소를 에너지 삼아 각자 맡은 일을 하죠. 에너지를 공급한 혈액은 세포들이 배출한 찌꺼기를 다시 가져가고요. 그럼 지금부터 핏속 친구들이 어떤 일을 하는지 세세하게 알아볼까요?

일단 피의 절반가량은 액체인 혈장이에요. 비타민 같은 영양소를 제외하면 적혈구, 백혈구, 혈소판 등이 혈장을 타고 다니지요.

적혈구는 택시랑 비슷해요. 우리가 들이마신 공기가 폐로 들어가면, 적혈구가 그 안의 산소를 몸 이곳저곳으로 실어 나르거든요. 우리 몸의 세포들이 일할 때 산소를 에너지로 쓰기 때문이지요. 세포들이 쓰고 난 산소 찌꺼기는 이산화탄소의 형태로 배출되는데, 우리 몸에 해로운 이산화탄소는 다시 적혈구가 폐로 싣고 가요. 그래서 날숨에 이산화탄소가 실리는 거랍니다.

세균이나 이물질로부터 우리 몸을 보호하는 중요한 방위군이자 면역 세포인 백혈구는 세포 찌꺼기와 병원체를 먹어 치우기 위해 혈액 안쪽뿐 아니라 몸 구석구석을 돌아다녀요. 그래서 식세포라고 부르기도 하죠. 아, 눈치챘나요? 그래요. 우리의 친구 쩝쩝이도 백혈구예요.

혈소판의 역할은 상처 난 곳을 빠르게 메우는 거예요. 상처에서 계속 피가 흘러나오지 않도록 혈소판이 서로 뒤엉켜 다친 부위를 막아 주는 거지요. 혈소판이 만든 보호막은 점점 딱딱해져 결국 딱지가 돼요. 하지만 피가 너무 많이 난다면 혈소판이 아무리 열심히 일해도 붕대를 감거나 해서 상처를 닫고, 지혈해야 해요.

파란 피, 노란 피, 초록 피?

자전거에 붉은 녹이 슨 모습을 봤나요? 쇠 속의 철 성분은 산소와 만나면 붉은색을 띠면서 녹이 슬어요. 여러분 혈관 속에도 그런 녹슨 철이 있어요. 바로 적혈구들이에요.

적혈구에는 철 성분이 들어서, 폐에서 산소를 만나면 아주 선명한 빨간색이 되죠. 산소를 날라 주고 나면 붉은빛은 약해지고 어두운 빛이 되고요. 폐에 도착할 때쯤에는 아예 자주색이나 보라색에 가까워져요. 하지만 폐에서 다시 신선한 공기를 만나 산소를 실으면 언제 그랬냐는 듯 새빨갛고 환한 모습으로 변신하죠.

한편, 동물들의 혈액 색깔은 사람보다 훨씬 다채롭답니다. 피가 파란색인 오징어도 있고, 노란색인 딱정벌레도 있어요. 도마뱀 중에는 심지어 초록색 피를 가진 종류도 있대요.

돌고 도는 순환계

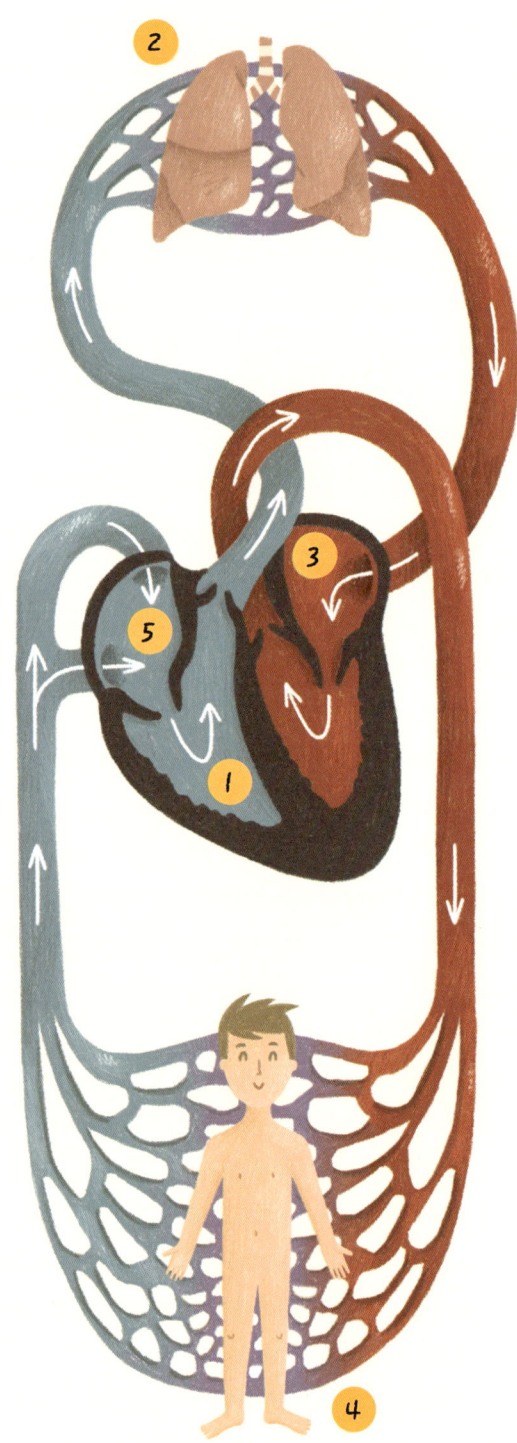

우리 몸 세포 하나하나는 혈관과 닿아 있어요. 심장은 그 혈관에 혈액을 보내는 일을 하죠.

혈액은 사방팔방 아무렇게나 다니는 게 아니에요. 일정한 방향으로 나갔다가 다시 돌아오며 고리 모양을 유지하지요. 그래서 몸에서 혈액이 돌고 도는 모습을 가리켜 '순환계'라고 불러요. 순환계는 소순환과 대순환, 이렇게 2개의 순환 고리로 이루어져 있지요. 그럼 소순환부터 알아볼까요?

심장 오른쪽으로 들어온 혈액(1)은 폐로 이동(2)한 다음, 거기서 다 쓴 산소는 내려놔요. 이어서 새로 들어온 산소를 잔뜩 머금고 다시 심장 왼쪽으로 들어(3)가죠. 한편 폐에서는 몸이 사용한 산소가 이산화탄소로 바뀌어 날숨으로 나가고, 들숨으로 들이마신 공기는 혈액과 만나 산소를 제공해요. 여기까지가 소순환 단계예요.

이제 대순환에 대해 알아봐요. 심장 왼쪽에 들어간 피는 우리 몸 전체로 힘차게 출발(4)해요. 몸 곳곳 근육, 갖가지 소화 장기, 뇌 등에 도착한 혈액은 자기가 실어 나른 산소를 기관에 전달하지요. 그중에서도 소화 기관에 도착한 혈액은 우리가 먹은 음식에서 나온 영양소들을 넘겨받아 몸 다른 부위에 나르기도 해요. 그뿐인가요? 혈액은 세포들에서 나온 폐기물을 거둬 가기도 해요.

세포들과 모든 맞교환을 마친 혈액은 다시 처음 출발한 심장 오른쪽으로 되돌아(5)가요. 이때 심장 오른쪽에는 산소를 써 버린 혈액이 있지요. 새 산소를 실은 혈액은 왼쪽에 있어서, 심장 가운데에는 두 혈액이 섞이지 않도록 양쪽을 가로지르는 막이 있답니다.

동맥과 정맥의 공통점과 차이점

동맥과 정맥은 둘 다 혈관이지만, 심장을 기준으로 뚜렷한 차이가 있어요. 동맥은 심장 바깥으로 나가는 혈관이고, 정맥은 심장으로 되돌아가는 혈관이거든요.

심장 가까이 있는 동맥은 손가락만큼 두껍고, 피도 아주 빨리 흘러요. 이 두꺼운 혈관은 나뭇가지 모양처럼 점점 수많은 작은 혈관으로 나뉘어 몸 전체로 뻗어 나가죠. 이 중 제일 작은 혈관은 머리카락만큼 가늘고 피가 흐르는 속도도 느려요. 이 가느다란 혈관을 모세혈관이라고 부르지요. 혈액과 세포는 이 모세혈관에서 서로 물질들을 주고받아요.

일을 마친 혈액은 다시 심장을 향해 돌아가요. 이때는 혈관이 동맥과 반대 방향으로 점점 더 굵고 길어지겠죠? 심장으로 향하는 이 핏줄이 바로 정맥이에요.

사람 몸속 혈관은 매우 촘촘해서, 혈관을 모두 이어 붙이면 지구 둘레를 두 바퀴나 감쌀 만큼 길대요.

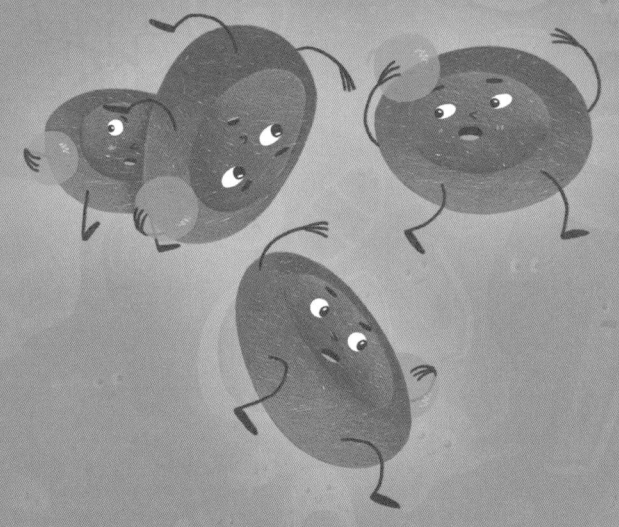

4장 우당탕탕 혈관 여행

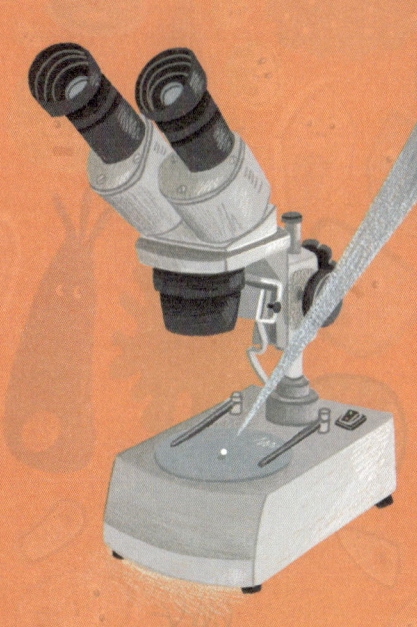

뛰어내리자마자, 쩝쩝이는 양옆에 다른 세포들을 끼고 혈관을 통과하기가 얼마나 힘든지 깨달았어요. 툭하면 적혈구나 백혈구 들과 탁탁 부딪혔거든요. 그럴 때마다 조심하라는 타박을 들었죠. 그래도 혈액이 흐르는 속도가 빨라서, 삼총사는 단 1초 만에 위팔(상박)에 도착했어요. 쩝쩝이는 친구들이 들을 수 있도록 큰 목소리로 외쳤어요.

"정신 차려, 이제 심장이야! 둘 다 꽉 붙잡아!"

엄청난 기세로 쓸려 나간 세 친구는 금세 심장에 다다랐어요. 귀가 먹먹해질 정도로 큰 심장 박동 소리에 불쑥 겁이 난 듬듬이는 질끈 눈을 감았지요. 아주아주 신난 씩씩이는 흥분해서 꺅꺅 소리를 질렀지만요.

"심장아, 반가워! 근육 중의 근육, 근육의 왕! 나 진짜 너 좋아해!"

친구들은 눈 깜짝할 사이 다시 오른쪽 심장(우심실)에서 나와 폐를 향해 내달았어요. 움직이는 속도가 조금 느려진 느낌이 들자, 듬듬이는 살며시 눈을 떴어요. 폐 속에서는 적혈구들이 분주히 다 쓴 산소를 내려놓고 새 산소를 받고 있었어요. 폐 밖으로 빠져나가는 적혈구들을 바라보며 듬듬이가 작게 소곤거렸어요.

"와, 인호가 숨을 들이쉬면 이렇게 되는구나! 적혈구들 좀 봐!"

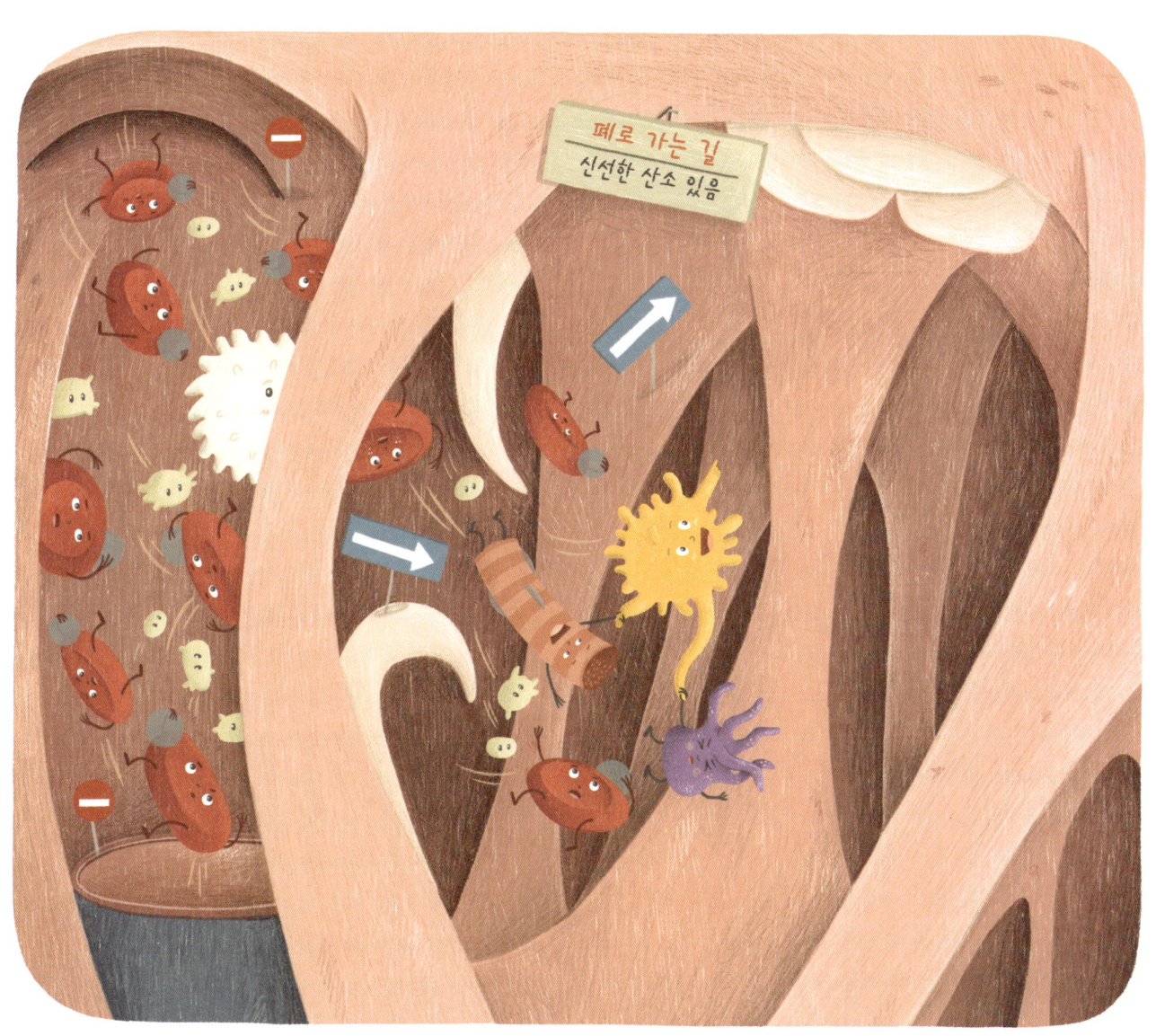

새 공기를 받은 적혈구들은 기분이 한결 밝고 좋아 보였어요. 우울하고 칙칙하던 기운은 온데간데없고 환하고 새빨간 빛깔을 띠고 활기가 넘쳐흘렀어요. 그러더니 다시 혈관 속 흐름이 확 빨라졌어요.

세 친구가 왼쪽 심장(좌심실)으로 흘러가려는 순간, 듬듬이는 또 한 번 눈을 감았어요. 말 그대로 숨 막히는 속도로 심장에서 빠져나온

몸속에 산소 충전소가 있다고요?

우리가 코와 입으로 숨을 들이마시면, 공기가 왼쪽과 오른쪽 기관지를 거쳐 양쪽 폐로 들어가요. 기관지는 폐에서 점점 더 작고 가는 미세 기관지로 갈라지는데, 이 작은 가지들 끝에는 옹기종기 모인 공기주머니가 꼭 포도송이처럼 보이는 '폐포'들이 달려 있어요. 폐포가 얇디얇은 혈관 벽 너머로 신선한 산소를 넘겨주기 때문에, 여기서는 혈액이 천천히 흐르지요. 이후 우리 몸이 다 쓴 산소는 이산화탄소로 바뀐 다음 몸 밖으로 나가요. 참고로, 폐 아래쪽에는 들숨과 날숨을 돕는 커다란 근육, 횡격막이 있어요. 평소에는 횡경막의 존재를 잘 느낄 수 없지만, 존재가 뚜렷해질 때도 있어요. 바로 딸꾹질할 때예요. 딸꾹질은 횡격막이 잘못 수축해서 벌어지는 현상이거든요.

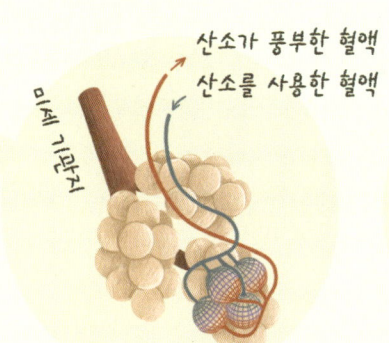

듬듬이는 울렁거리고 어지러웠어요. 이제 세 친구는 인호의 목 쪽 방향 혈관을 지났어요. 씩씩이가 환호하며 손을 번쩍 들어 올렸어요.

"이렇게 짜릿한 여행은 난생처음이야아아아!"

꺅! 팔을 치켜드는 바람에 쩝쩝이가 씩씩이를 놓쳐 버렸어요! 씩씩이는 저만치 혼자 앞서서 흘러가게 되었지요.

"씩씩아!"

쩝쩝이는 수많은 적혈구 사이에서 친구를 찾기 위해 허겁지겁 둘러보았어요. 그때, 무서움을 무릅쓰고 눈을 뜬 듬듬이가 소리쳤어요.

"앞을 봐! 저기 혈관 벽에 매달려 있어!"

씩씩이는 진짜로 혈관 벽 양쪽에 몸을 쭉 뻗은 채 어떻게든 휩쓸려 가지 않으려고 안간힘을 다해 버티고 있었어요. 쩝쩝이는 곧장 씩씩이 쪽으로 손을 뻗었어요. 그러고는 씩씩이를 자기 쪽으로 잡아끌면서 큰 소리로 나무랐어요.

천식이 뭐예요?

천식은 폐에 생기는 흔한 질병이에요. 주로 목 안에 뿌리는 스프레이 형태의 약으로 치료하죠. 공기가 지나는 기관에 염증이 생겨서 점막이 부어오르고, 점액을 너무 많이 분비하는 것이 천식의 증상이거든요. 천식에 걸린 사람은 기침을 하고, 숨쉬기 힘들어하며, 가슴에서 쌕쌕 피리 같은 특이한 소리가 나기도 하지요. 천식에 걸리는 원인은 여러 가지예요. 너무 무리하거나 감기에 걸렸거나, 아니면 꽃가루 알레르기가 심해서 생기기도 하죠.

"제발 다시는 그런 행동 하지 마!"

"정말 미안해!"

멋쩍은 듯 웃으며 사과한 씩씩이는 이후로 정말 한순간도 쩝쩝이를 놓지 않았어요. 이후 삼총사는 별문제 없이 순조롭게 갈림길에서 방향을 틀었어요. 쩝쩝이가 방향 잡기에 점점 더 익숙해졌거든요. 세 친구가 몸을 실은 혈관이 조금씩 좁아지면서 점차 혈액이 움직이는 속도가 느려졌어요. 마침내 쩝쩝이가 꼭 붙잡고 있던 두 친구의 손을 놓고 이렇게 외쳤어요.

"이번 정류장은 눈꼬리, 눈꼬리입니다. 종점이니 모두 내리세요!"

펄쩍 뛰어내린 씩씩이가 몸을 흔들며 소리쳤어요.

"우아! 너무 신나! 꼭 영화 같았어!"

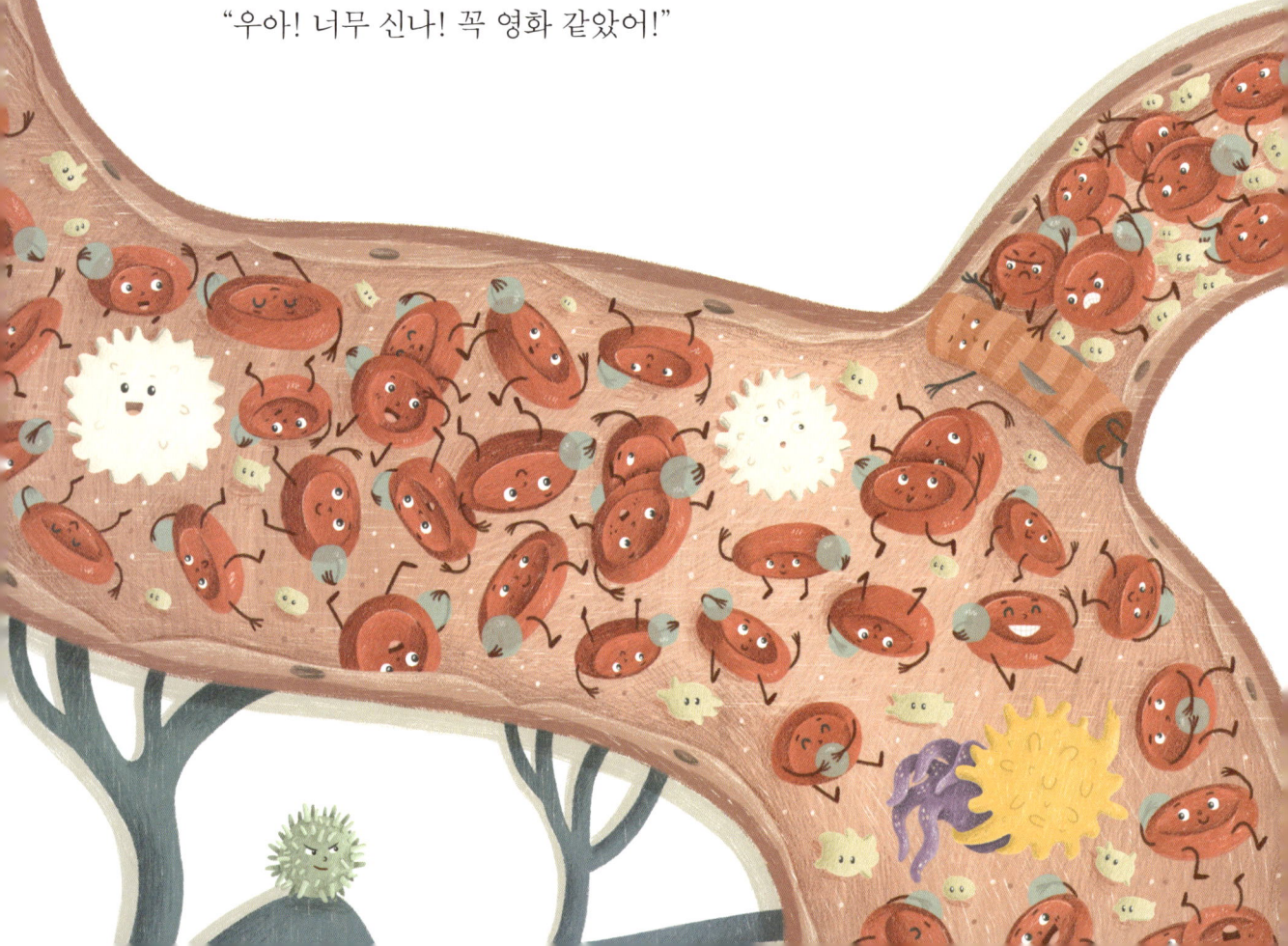

쩝쩝이는 숨을 몰아쉬며 이렇게 대꾸했어요.

"그 영화가 아무리 근사해도 나는 사양할래!"

"아, 미안. 돌아갈 때는 진짜 얌전히 있을게."

기분 좋게 대꾸한 씩씩이는 손차양을 만들었어요. 여긴 몸속 다른 곳보다 훨씬 밝았거든요. 듬듬이가 신기해하며 속닥거렸어요.

"혈관 벽을 뚫고 빛이 들어오는 것 좀 봐!"

세 친구는 혈관 벽에 난 구멍에 다가가 밖을 내다봤어요.

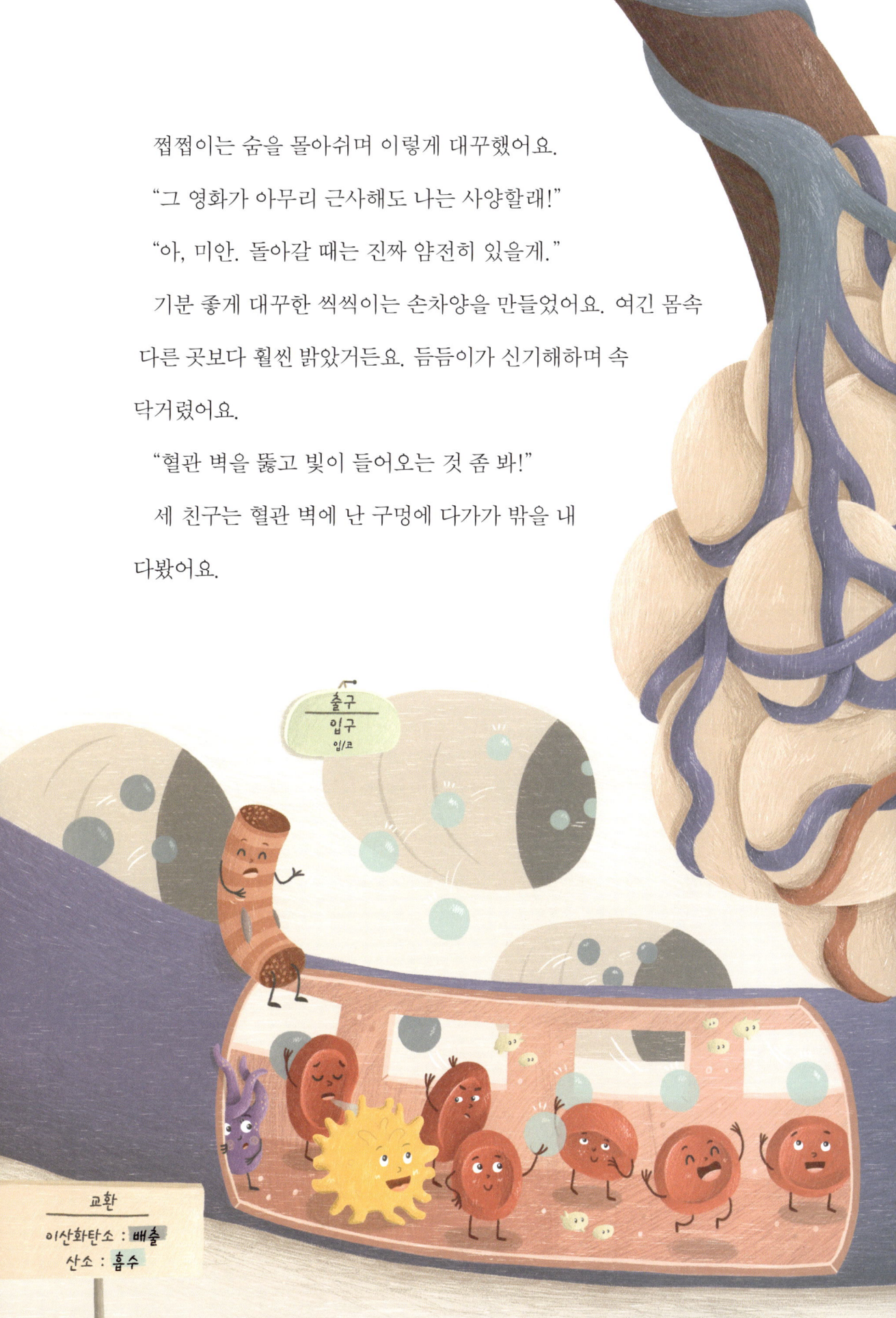

우리 몸의 엔진, 심장

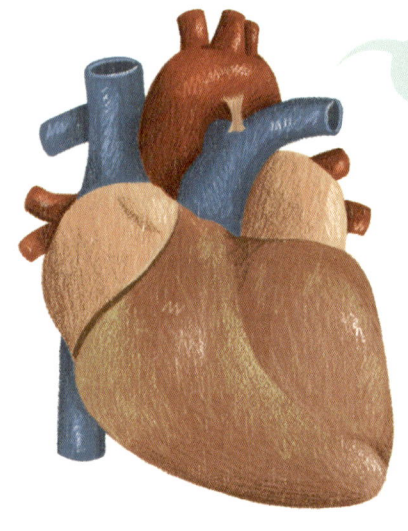

초강력 근육

심장은 주먹만 한 크기이지만 우리 몸에서 제일 힘든 일을 도맡고 있어요. 우리가 사는 내내, 단 한순간도 쉬지 않고 혈액을 온몸으로 내보내죠. 잠깐이라도 심장이 멈추면 몸속 세포들은 굶거나 숨이 막혀서 죽고 말아요. 심장이 우리 몸 구석구석까지 혈액을 보내는 데 약 1분이 걸려요. 다시 말해 1분 동안 왼쪽 새끼손가락에서 출발한 적혈구가 심장에 도착해서 폐로 가고 다시 심장에 돌아왔다가 오른쪽 새끼발가락까지 간다는 거죠.

두근 두근 두근?

심장 박동은 심장이 수축할 때 느껴지는 압력이에요. '맥박' 또는 '고동'이라고도 부르죠. 사람은 어릴수록 심장 박동이 빨라요. 어른일 경우 대략 1분에 70번이 뛰는데 초등학생은 80에서 90번, 갓난아기는 100번이 넘지요. 여러분의 맥박이 1분에 몇 번 정도 뛰는지 궁금하다면 동맥이 지나는 반대쪽 손목 안쪽(엄지 아래)에 검지와 중지 끝을 올려놓고 시간을 재 보세요. '경동맥'이라고도 불리는 목울대 옆에 손가락 끝을 대 봐도 맥박이 뛰는 것을 느낄 수 있어요. 참고로 맥박을 느껴 보겠다면서 목울대 옆을 너무 세게 누르거나 양쪽을 동시에 누르면 절대로 안 돼요! 그런 짓은 생각보다 더 위험하거든요. 만약 아무리 기다려도 맥박이 안 느껴진다면 제자리에서 몇 번 뛰어 보세요. 그다음 가슴에 손을 대면 심장이 열심히 운동하는 게 느껴질 테니까요.

다른 동물들의 심장

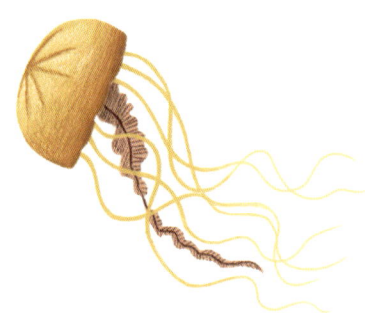

동물의 심장은 인간과 다른 점이 많아요. 대왕고래 심장 크기는 소형차만 하고 물에 잠수할 때는 1분에 2~8번을 뛰어요. 반면 카나리아 심장은 1분에 1,000번을 뛰지요. 몸이 작은 동물들의 심장이 더 자주 뛰는 이유는, 큰 동물보다 더 빨리 피부에서 체온이 빠져나가기 때문이에요. 잃어버린 열을 다시 채우기 위해서 몸속 세포들이 공기와 영양분을 더 많이 필요로 하는 거죠. 그래서 혈액이 이 같은 원료들을 빨리 날라 줄 수 있게끔, 심장이 더 빨리 뛰는 거예요. 반면 심장이 3개나 있는 바닷속 문어는 훨씬 느긋하죠. 문어 아가미 옆에는 주로 일하는 심장 하나와 그 심장을 돕는 보조 심장 2개가 있거든요. 문어가 사는 바닷속에는 아예 심장이 없는 생물도 있어요. 그게 뭐냐고요? 바로 해파리예요. 해파리는 몸 표면으로 물속 산소를 곧바로 흡수하기 때문에 따로 심장이 없답니다.

빛의 그림을 그리는 눈

5장
기막힌 광경

 씩씩이는 물론 듬듬이와 쩝쩝이까지, 셋은 한동안 눈을 잘 뜨지 못했어요. 몸속에만 있던 터라, 처음 경험하는 밝은 빛에 눈이 부셨거든요. 그래서 인호의 한쪽 눈꼬리 얇은 주름 뒤에 몸을 숨기고, 바깥에서 비치는 햇빛이 눈을 찌르지 않게 손으로 가렸지요. 그러자 완전히 낯설고 새로운 바깥 풍경이 펼쳐졌어요. 수많은 색깔, 드넓은 풍경! 듬듬이는 막연하던 꿈을 이뤘다는 사실에 마음이 벅차올랐어요.

 "대단해……."

 넋이 나간 듯 중얼거린 듬듬이의 눈에서 또르르 감격의 눈물이 흘러내렸어요. 수다쟁이 씩씩이도 멍하니 붉은 벽돌집, 초록빛 나무, 푸르른 하늘만 바라보았지요. 얼마 뒤, 쩝쩝이가 밝게 말했어요.

"언뜻언뜻 자전거 손잡이가 보이는 걸 보니 지금 자전거를 타는 중인가 봐! 만약 인호가 잠을 자거나 숙제 중이라면 우리도 별로 볼 게 없었을 텐데, 넓은 바깥을 직접 보게 되다니! 운이 참 좋은걸?"

씩씩이가 어깨를 으쓱하더니 끼어들었어요.

"인호가 유튜브를 보고 있어도 좋았을 텐데! 평소에는 그 일을 최우선으로 하더라고. 진짜 세상을 보는 것도 나쁘지 않지만 말이야."

듬듬이는 설레는 목소리로 이렇게 물었어요.

"얘들아, 우리, 눈물에 들어가서 목욕하면 어떨까?"

"완전 좋지!"

바로 대답한 씩씩이가 폴짝 눈물샘으로 뛰어들었어요.

"얼른 들어와! 눈물이 따뜻해!"

두 친구도 씩씩이를 따라서 풍덩 몸을 담갔어요. 셋은 눈물샘 안에서 깔깔대며 물장구를 쳤어요. 그런데 갑자기 주위가 어두워지더니 거대한 지붕이 내려와서 친구들을 물속에 밀어 넣었어요. 다행히 곧바로 지붕이 올라갔고, 셋은 숨을 몰아쉬며 물 밖으로 나왔어요. 듬듬이는 소금기 머금은 물을 내뱉곤 가쁜 숨을 고르며 외쳤어요.

"방금 그거 눈꺼풀이지? 인호가 눈을 깜박이나 봐!"

인호가 눈을 깜박일 때마다 작은 파도가 일고 주변이 어두워졌어요. 또다시 눈꺼풀이 내려오려고 하자 세 친구는 숨을 한껏 들이마시고는 잠깐 숨을 참았어요. 그다음부터는 아예 놀이처럼 눈꺼풀 움직임에 맞춰 숨을 참았다 내쉬었지요. 씩씩이가 신나서 외쳤어요.

"와, 진짜 재미있어! 꼭 인공 파도 수영장 같아! 얘들아, 우리 물에서 많이 놀자, 응? 앗, 그런데 저기 좀 봐, 저기는 바닥 색깔이 달라. 여기는 바닥이 하얀데, 저기는 녹색이고, 한복판은 거무스름해."

듬듬이가 설명했어요.

"검은색은 동공이야."

"응? 돈공? 돈공이 뭐야?"

방금 들은 단어가 재미있다는 듯 킥킥 웃는 씩씩이의 말을 듬듬이가 바로잡아 주었지요.

"돈공이 아니라, 동공! 저기 눈 한가운데 검은 구멍이야. 저 구멍으로 인호가 보는 모든 광경이 눈으로 들어오는 거지."

쩝쩝이가 감탄했어요.

"그런 걸 다 알다니! 듬듬이 넌 참 대단해! 그런데 우리 좀 쉬자. 나는 뭘 좀 먹어야겠어."

쩝쩝이는 다시 눈꼬리의 주름 쪽으로 헤엄쳐서 되돌아가더니 거기 있는 먼지 알갱이 하나를 찾아서 맛있게 쩝쩝 먹었어요. 곧이어 듬듬이와 씩씩이도 물가로 나왔어요. 듬듬이가 젖은 몸으로 주름 위에 앉으려는데, 솜털처럼 폭신한 무언가가 눈에 띄었어요. 듬듬이는 온통 털로 몸이 뒤덮인 조그맣고 길쭉한 녀석을 가리키며 말했겠어요.

"세상에, 저기 완전 귀여운 게 있네. 혹시 세균일까? 그런데 왜 몸을 벌벌 떨고 있는 거지? 왠지 힘들어 보여……. 뭔가 도와줄 방법이 없을까?"

씩씩이가 듬듬이를 말렸어요.

"세균은 위험하잖아! 건드리지 말고 그냥 두자."

듬듬이는 고개를 저었어요.

"무슨 소리야. 몸에 얼마나 유익한 균이 많은데! 그런 균이 없으면 인호도 건강하게 살 수 없어."

씩씩이가 듬듬이 말을 잘랐어요.

"그래그래, 알겠어. 세상에 저렇게 귀하신 몸이 없겠지. 보나 마나 아주 대단한 세균이겠지, 뭐. 쩝쩝아, 여기 좀 봐!"

예방 접종을 해야 안 아프다고요?

세균 중에는 우리 몸을 아프게 만드는 것이 있어요. 홍역, 백일해, 충치 등은 모두 특정 세균 때문에 걸리는 질병이지요. 병원균들은 순식간에 수를 늘리는데, 그 과정에서 나쁜 성분을 내보내기 때문에 우리 몸이 아픈 거예요. 바이러스도 몇몇 세균처럼 우리를 아프게 만들어요. 독감과 코로나처럼 종류도 다양하지요. 병이 나는 이유는 번식을 위해 체세포에 침투한 바이러스를 몰아내기 위해 싸우는 과정에서, 우리 몸속의 세포들이 다치기 때문이에요.

세균과 바이러스는 우리가 가끔 예방 접종을 하는 이유이기도 해요. 예방 접종으로 약해진 병원균 또는 바이러스를 미리 접하면, 나중에 훨씬 더 사악한 놈이 쳐들어와도 우리 몸이 보다 잘 맞설 수 있거든요. 그러니 크게 아프고 싶지 않다면, 잠깐 따끔하다고 예방 접종을 피하면 안 되겠죠? 지금은 다행히 세균과 바이러스를 잡는 약이 잘 개발돼 있지만, 그래도 아프기 전에 미리미리 대비하는 게 현명하다는 사실! 잊지 마세요.

"쩝쩝, 뭔데?"

아직 먹던 것을 씹으며 쩝쩝이가 느릿느릿 다가왔어요.

"저기 이 콜라이 E.coli가 있구나. 그게 왜?"

씩씩이가 물었어요.

"뭐라고? 이 뭐?"

쩝쩝이가 답답하다는 표정을 짓더니 설명했어요.

"에셰리키아 콜라이 Escherichia coli, 콜라이균을 줄인 말이야. 그냥 어딜 가나 있는 아주 평범한 대장균이야."

그러자 씩씩이가 심드렁하게 물었어요.

"그럼 착한 애 맞는 거지?"

"이 종류는 그렇지. 다만 콜라이균은 대장에 있어야 해. 몸 다른 곳에 있으면 염증을 일으키고 안 좋은 일이 생겨. 예를 들어 방광이나 눈, 아니면……."

씩씩이가 놀라서 끼어들었어요.

"잠깐, 너 지금 눈이라고 했니? 우리 지금 눈에 있잖아!"

쩝쩝이가 태연하게 세균 쪽으로 손을 뻗었어요.

"앗, 그러네! 그럼 내가 얘를 먹어야 해. 얘는 진짜 여기 있으면 안 돼."

듬듬이가 깜짝 놀라 소리쳤어요.

"안 돼, 멈춰! 이렇게 조그만 애를 먹겠다고? 절대 안 돼! 한 마리뿐이잖아! 너 아까는 세균 먹기 싫다며!"

세균이 유익하다고요?

세균은 크기가 작은 미생물이에요. 어떤 세균은 질병을 일으키지만, 우리 몸에 유익한 세균도 많지요. 학자들의 추측에 따르면, 우리 몸에는 체세포만큼 많은 세균이 있대요. 세균이 특히 많이 사는 곳은 피부 표면과 창자예요. 특히 대장에는 약 200 종류의 세균이 있지요. 뽕뽕이도 대장균에 속해요. 대장균은 소화를 도울 뿐만 아니라, 병원균들이 먹을 양분과 산소를 빼앗아 굶겨 죽이기도 해요. 우리 몸을 아프게 만드는 침입자들이 늘어나지 않게 해 주다니, 참 고마운 세균이지요?

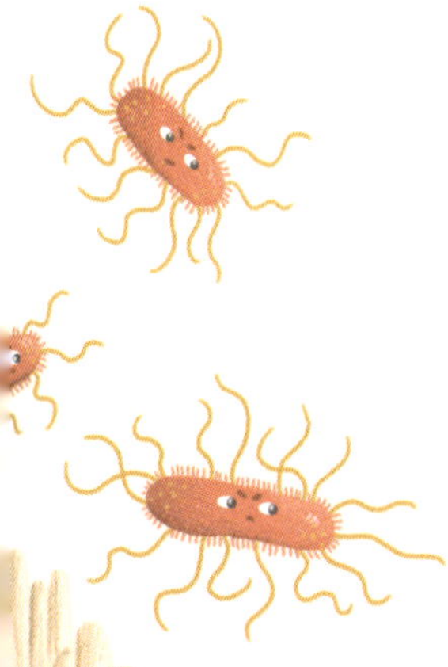

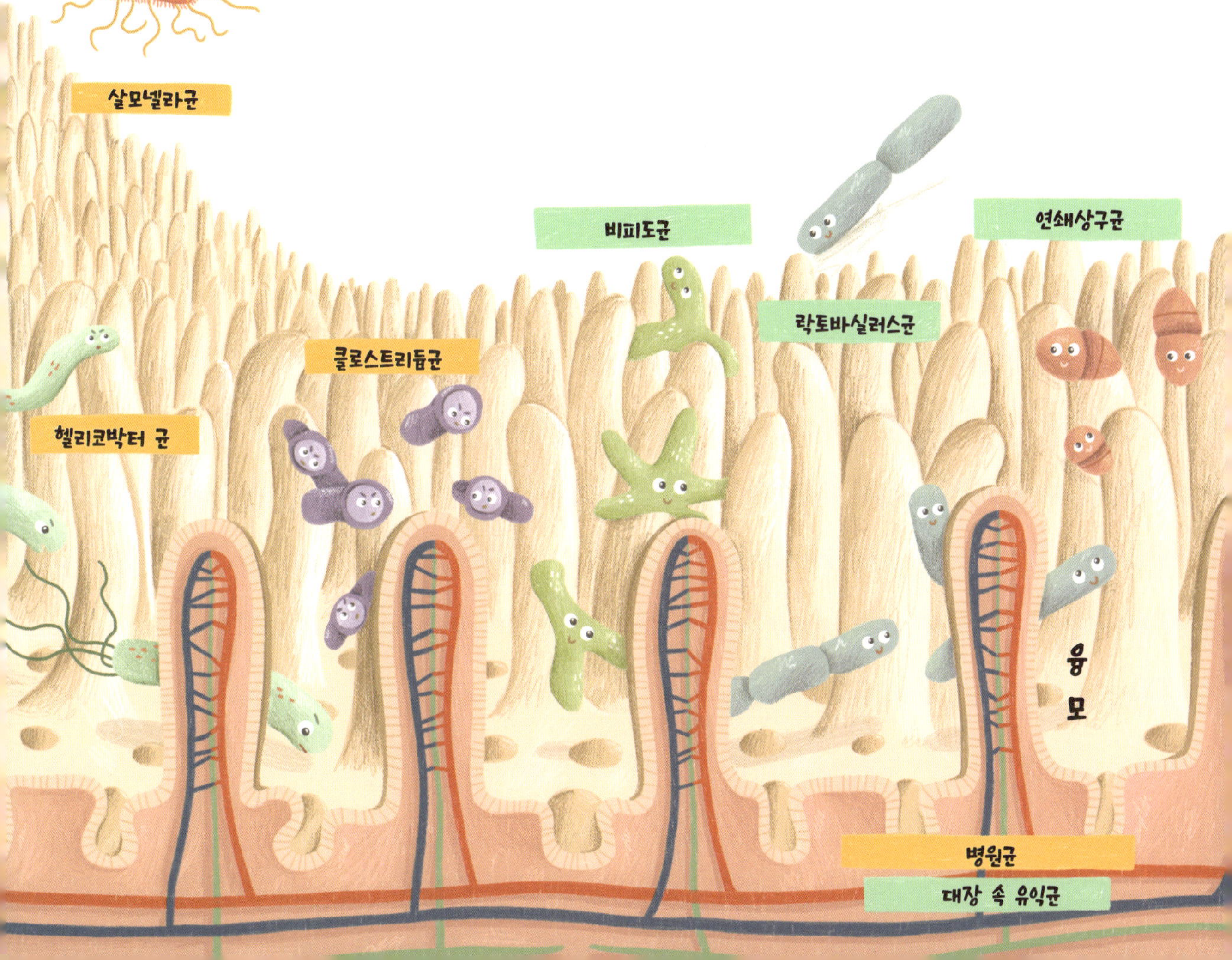

살모넬라균

비피도균

연쇄상구균

클로스트리듐균

락토바실러스균

헬리코박터 균

융모

병원균

대장 속 유익균

쩝쩝이가 멋쩍게 웃었어요.

"하하, 속았지롱!"

듬듬이는 안심하며 대답했어요.

"뭐야, 쩝쩝아! 장난이었어? 난 네가 진짜 먹는 줄 알았잖아!"

쩝쩝이가 멋쩍어하며 말을 돌렸어요.

"이 녀석 몸에 난 털들은 섬모라고 하는데, 장 점막에 잘 붙어 있게 도와주는 일을 해."

듬듬이가 다정한 눈길로 세균을 보더니 조심스레 안았어요.

"나 이제부터 얘를 데리고 다닐 거야. 이 아이 이름은 이제부터 뽕

뽕이야."

 뽕뽕이는 듬듬이에 찰싹 달라붙더니 머리를 들이밀고 비볐어요. 그러더니 조그만 입을 크게 벌려 양껏 하품하곤 기분이 좋은지 웃는 얼굴로 다시 잠들었어요.

빛의 그림을 그리는 눈

'안구'의 의미?

눈은 형태, 색, 움직임을 파악하는 일을 하지요. 그런데 눈이 무언가를 보려면 눈 안으로 빛이 들어와야 해요. 여러분도 갑자기 깜깜한 데 들어갔더니 한 치 앞이 안 보였던 기억이 있지 않나요? 참고로 눈은 움푹 파인 단단한 골격인, 안와에 자리 잡고 있어요. 제일 바깥쪽은 공막이라는 질긴 흰색 피부로 둘려싸여 있고요. 충격으로부터 눈을 보호하기 위해서지요. 겉으로는 일부만 보이지만 사실 안구는 위, 아래, 옆으로 움직이는 둥근 공처럼 생겼거든요. 그래서 '눈 안眼' 자에 '공 구球' 자를 써서 '안구眼球'라고 부르는 거랍니다.

빛이 지나는 길

모든 물체는 빛을 반사해요. 물체에서 나온 빛은 우선 제일 바깥쪽에 위치한 단단하고 투명한 보호막, 각막에 도착하지요. 각막을 통과한 빛은 눈동자 속 검은 구멍, 즉 동공을 거쳐 눈 안쪽으로 들어가고요. 얼마나 많은 빛을 눈 안으로 통과시킬지 조절하는 건 동공을 둘러싼 홍채예요. 근육으로 이뤄진 홍채는 빛에 따라 동공을 넓혔다가 좁혔다가 하죠. 이어서 동공 뒤쪽의 투명한 수정체가 빛을 모으고, 위아래를 뒤집어 뒤쪽 벽인 망막으로 보내요. 그럼 망막에 위아래가 뒤집힌 영상이 맺히겠죠? 망막은 이 영상을 시신경을 통과해 뇌로 전달해요. 뇌는 전송된 그림을 다시 뒤집어서 빠르게 식별하고 평가한 다음, 오른쪽 그림처럼 인식한답니다.

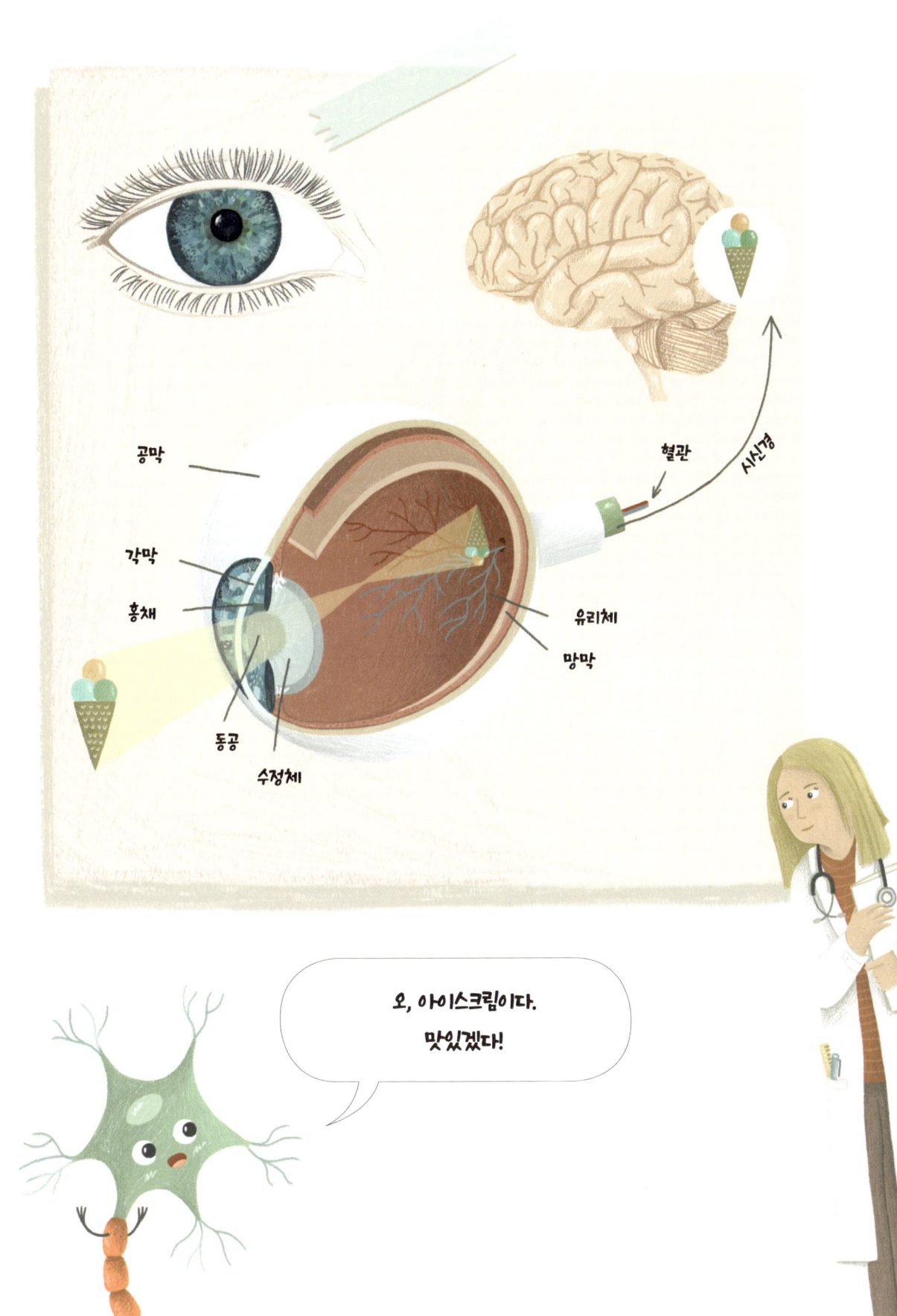

색소량에 따라 다른 눈빛

눈동자 색깔은 홍채에 색소가 얼마나 있느냐에 따라 달라져요. 색소가 아주 적으면 푸른 빛을, 조금 있으면 녹색을, 더 많으면 갈색을 띠거든요. 갓난아기들의 눈동자 색이 달라지는 이유는 태어나고 약 1년 동안 색소량이 달라지기 때문이에요.

세계 인구 중 절반이 넘는 사람의 눈동자가 갈색이라고 해요. 매우 드물지만 양쪽 눈 색깔이 다른 사람도 있죠. 세상에 완전히 똑같은 홍채는 존재하지 않아요. 사람마다 손가락 지문이 저마다 다르듯이, 눈동자마다 홍채 무늬와 색, 밝은 정도가 다르답니다. 여러분도 거울 앞에서 눈동자를 한번 자세히 관찰해 보세요!

제2의 눈이 필요할 때

여러분은 앞이 잘 보이나요? 사실 모든 눈이 아무 문제가 없지 작동하지는 않아요. 사시인 사람도 있고, 빨강과 초록을 구분하지 못하는 사람도 있거든요. 눈이 거의, 또는 아예 제구실을 못하는 시각 장애인들도 있고요. 가까운 것만 잘 보는 근시도, 먼 것만 잘 보는 원시도 많지요. 다행히 근시와 원시의 문제는 대부분 안경을 쓰면 해결할 수 있어요. 안경이 눈에 있는 수정체를 도와 두 번째 수정체 역할을 하거든요.

혹시 조금이라도 눈이 침침한 기분이 든다면 빨리 부모님에게 말해서 시력 검사를 해 보세요. 시력 검사는 아프지 않을 뿐 아니라, 쉽고 빠르게 할 수 있으니까요. 어쩌면 안경 낀 모습이 꽤 근사할지도 몰라요. 만약 안경을 쓴다면 어떤 디자인이 좋을지 생각해 보세요!

재미있는 동공 실험!

재미있는 실험을 해 볼까요? 손전등과 거울만 준비하세요. 불을 약하게 켜거나 조금 어두운 공간에서 거울을 쳐다보세요. 아마 동공이 커졌을 거예요. 이제 손전등을 켜서 얼굴에 빛을 비춰 보세요. 눈이 달라진 게 보이나요? 동공이 꽤 작은 크기로 줄어들었죠? 왜 그럴까요?

빛의 양이 적은 어두운 곳에서는 최대한 더 많은 빛을 받아들이기 위해 동공이 커져요. 반대로 주변이 아주 환하면 너무 밝은 빛 때문에 눈이 부셔서 오히려 물체가 잘 안 보이지요. 그래서 동공을 좁혀 빛의 양을 적당히 줄이는 거랍니다.

냠냠 뿌지직

6장
갑자기 대홍수!

 세 친구는 눈꼬리 쪽에 앉아 바깥에서 펼쳐지는 황홀한 풍경을 느긋하게 감상했어요. 듬듬이는 이따금 뽕뽕이의 털을 가만가만 쓰다듬었고요. 그런데 갑자기 듬듬이가 코를 움켜쥐었어요.
 "엇, 이게 무슨 냄새지? 너희도 느꼈니?"
 씩씩이가 대꾸했어요.
 "으악, 방귀 냄새 같아!"
 다음 순간 '뿌우웅' 하는 요란한 소리가 이어졌어요. 소리는 만족스러운 표정으로 잠든 뽕뽕이한테서 흘러나왔어요. 쩝쩝이가 짜증을 냈어요.
 "말도 안 돼! 이렇게 근사한 순간에 방귀를 뀐다고?"

방귀는 왜 나올까요?

사람은 누구나 하루에 10번에서 20번 정도 방귀를 뀌어요. 음식을 먹고 마실 때는 공기도 같이 몸속으로 들어오는데, 소화관에서 생긴 기체는 계속 밖으로 빼 줘야 하거든요. 뭐, 방귀의 대부분은 대장 속 세균들이 음식을 먹고 소화하며 만들어 내는 것들이지만요. 먹은 음식과 활동 중인 세균의 종류에 따라 방귀 냄새가 달라지는 까닭이지요. 냄새는 그렇다 치고, 방귀 뀔 때 소리는 왜 나는 거냐고요? 그건 항문 근육이 기체를 내보내며 진동하기 때문이랍니다.

직업이 방귀 예술가라고요?

1857년 프랑스에서 태어난 조셉 푸졸은 '플라툴리스트Flatulist'였어요. 그게 뭐냐고요? 마음먹은 대로 방귀를 뀔 수 있는 사람이죠. 조셉 푸졸은 방귀 소리로 동물들의 울음을 흉내 내고 노래 한 곡을 끝까지 연주했대요.

듬듬이가 킥킥 웃음을 터뜨렸어요.

"뿡뿡이 속이 더부룩했구나. 이제 괜찮니?"

듬듬이는 손가락으로 뿡뿡이의 머리를 가만가만 쓰다듬었어요.

"뭐, 누구나 방귀는 뀌니까!"

쾌활한 목소리로 말한 씩씩이는 바깥 풍경으로 눈길을 돌리며 말했어요.

"얘들아, 앞에 큰 나뭇가지가 보여. 설마 인호가 저기 부딪치진 않겠지?"

그 순간 인호가 비명을 지르더니 몸 전체가 크게 흔들리고, 갑자기 눈앞이 풀밭으로 꽉 찼어요. 씩씩이가 깜짝 놀라면서 말했어요.

"인호, 지금 자전거에서 떨어진 거 맞지?"

갑자기 발밑에 빠르게 눈물이 차오르기 시작했어요. 쩝쩝이가 안절부절못하며 발밑을 내려다봤어요.

"얘들아, 여기 봐. 갑자기 눈물이 불어나."

눈물은 금세 세 친구의 무릎까지 차올랐어요. 쩝쩝이가 허둥지둥 외쳤어요.

"이대로 있다가는 눈물에 떠내려가고 말 거야! 일단 얼른 피하자!"

이미 늦었어요! 순식간에 눈물의 대홍수가 들이닥쳤고 세 친구는 물살에 휩쓸렸어요. 쩝쩝이는 소리를 질렀어요.

"얼른 이쪽으로! 빨리!"

친구들은 겨우 서로 부둥켜안았지만, 순식간에 파도에 휩쓸려 눈 안쪽 구석, 그러니까 코 방향으로 밀려났어요.
듬듬이가 필사적으로 소리쳤어요.
"뭐라도 붙잡아! 몸 밖으로 흘러나가면 우린 끝이야!"
씩씩이는 있는 힘껏 길게 몸을 늘였고 속눈썹 한 가닥을 겨우 붙들었지만 손을 놓치고 말았어

왜 눈을 깜박이는 걸까요?

우리 눈은 1분에 8번에서 많게는 15번 정도 깜박여요. 자동차에 달린 와이퍼가 유리를 깨끗이 닦아주듯, 눈꺼풀이 오르락내리락하면서 눈물을 골고루 퍼뜨려서 눈을 닦아 내지요. 눈물로 된 얇은 막에는 이물질을 밀어내고 세균을 죽이는 성분이 들어 있거든요. 또한 눈물은 안구가 이리저리 움직일 때 아프지 않게 하는 역할도 해요. 친구나 가족들과 누가 더 오래 깜박임 없이 눈 뜰 수 있는지 시합해 보세요!

어쩌다 눈물이 흐를까요?

눈물은 평상시 비루관이라고 하는 길을 통해 코로 흘러 나가지만, 가끔은 눈 밖으로 넘쳐흐르기도 해요. 특히 슬프거나 화나거나 속상할 때 눈물이 왈칵 쏟아지곤 하죠. 그럴 때 왜 눈물이 나는지는 아직 정확히 밝혀지지 않았어요. 하지만 눈물을 흘리면 뇌가 진정제 성분의 호르몬을 분비하기도 한대요. 세찬 바람이나 흙먼지 때문에 자극 받은 눈을 씻어 내기 위해 눈물 흘릴 때는 당연히 그런 호르몬이 나오지 않겠죠?

눈곱이 생기는 이유는 뭘까요?

잠잘 때도 우리 눈꺼풀은 완전히 닫히지 않아요. 눈꺼풀 아래에 아주 가느다란 틈이 있거든요. 여기에 먼지나 죽은 세포 등이 모이는데, 기지개 피고 일어나 눈을 깜빡이면 이런 찌꺼기들이 눈 안쪽 구석으로 밀려나요. 즉, 눈곱은 잠자는 동안 눈의 노폐물이 모여 생긴 것이에요.

요. 세 친구는 눈물 홍수에 잠겨 콧등을 타고 아래로 흘러내렸지요. 듬듬이는 울먹이며 작별 인사를 했어요.

"너희랑 함께해서 행복했어!"

쩝쩝이도 절망에 빠져 소리쳤어요.

"이렇게 될 줄 알았어!"

씩씩이는 큰 소리로 말했어요.

"마지막 30분은 내 생애 최고의 시간이었어! 고마워, 친구들!"

세 친구를 머금은 눈물방울은 인호의 콧날을 타고 윗입술로 향했어요. 겁에 질린 듬듬이와 쩝쩝이는 두 눈을 꽉 감았지만, 씩씩이는 마지막 순간까지 똑바로 보고 싶다는 마음으로 눈을 부릅떴어요. 그때 갑자기 천둥 같은 재채기 소리가 들렸어요. 셋은 어딘가로 휙 빨려 들어갔지요. 듬듬이가 모기만 한 소리로 물었어요.

"우리 죽은 거야?"

씩씩이가 활기차게 대답했어요.

"아니야! 애들아, 우린 정말 행운아들이야!"

씩씩이는 두 눈을 뜨고 있던 덕에 무슨 일이 벌어진 건지 바로 알아차린 거예요. 하지만 상황을 파악하지 못한 쩝쩝이는 기진맥진한 목소리로 물었어요.

"그게 무슨 소리야?"

씩씩이는 휘파람을 불듯 경쾌하게 답했어요.

"우리는 방금 초고속 엘리베이터를 타고 몸 안으로 다시 들어왔어! 인호가 콧물을 들이켜면서 우리가 있던 눈물도 빨아들였거든!"

믿기지 않는 이야기에 듬듬이가 눈을 번쩍 뜨며 외쳤어요.

"우리가 살았다고? 몸 안에 다시 들어왔어?"

눈을 뜨고 보니 사방이 어둑어둑했지만, 듬듬이는 하나도 무섭지 않았어요. 몸 안이래요! 몸, 안! 씩씩이는 계속해서 흥분한 목소리로 소리쳤어요.

"세상에, 얘들아! 나는 항상 모험을 원했잖아? 그래도 방금은 진짜 조마조마했어."

듬듬이보다 한 발 늦게 눈을 뜬 쩝쩝이가 울먹이며 중얼댔어요.

"정말로 죽는 줄 알았어."

몹시 놀란 탓에 온몸의 힘이 풀린 세 친구는 서로 몸을 기대고 자리에 주저앉았어요. 듬듬이는 마음을 가라앉히려 뽕뽕이를 계속 쓰다듬었어요. 꼬마 대장균 뽕뽕이는 세상 모르고 계속 잠들어 있었답니다.

냠냠 뿌지직

소화의 과정

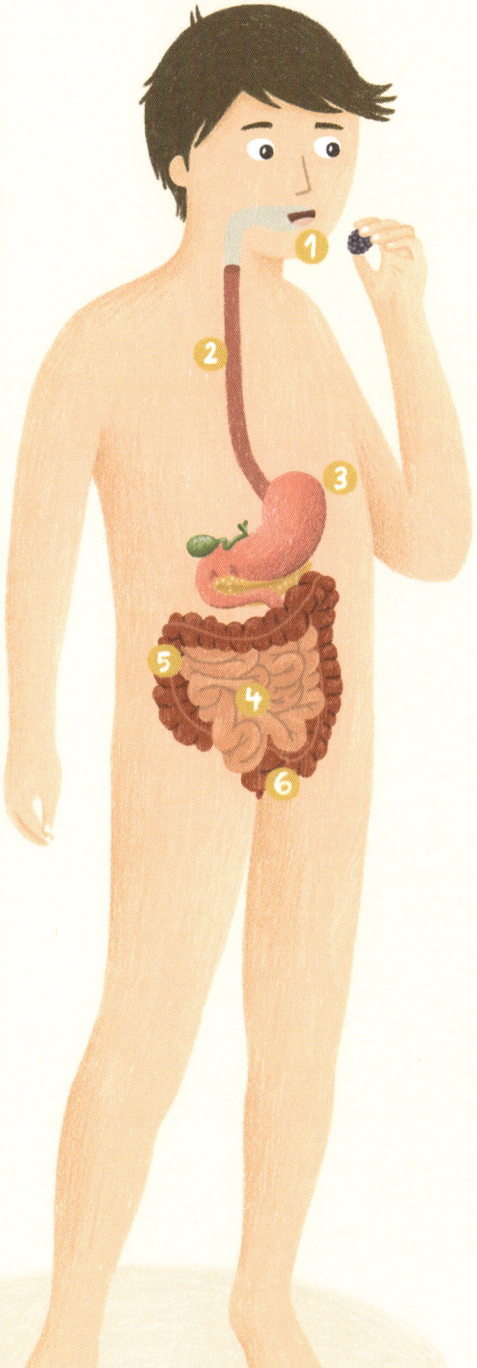

눈까지 오지 않았다면, 뽕뽕이는 대장에서 인호가 소화할 때 열심히 돕고 있었겠죠? 그런데 인호가 먹은 음식은 어떻게 대장균한테 가게 되는 걸까요?

몸속 세포들이 맡은 바 역할을 해내려면 에너지가 필요해요. 에너지가 없으면 근육 세포는 조이고 푸는 활동을 못하고, 면역 세포도 침입자를 물리칠 수 없죠.

에너지는 보통 음식 속 영양소에서 얻을 수 있어요. 다만 세포들이 영양소를 사용하려면 먼저 음식이 잘게 나뉘고 쪼개져야 해요. 이를 위해 음식을 작게 분해하는 과정이 곧 소화지요.

소화는 주로 근육으로 된 긴 소화관, 즉 창자에서 일어나요. 창자에서 분해된 영양소는 혈액에 실려 세포들에게 배달되고요. 이때 딱히 우리 몸이 필요로 하지 않는 것들은 배출되지요. 네, 맞아요. 똥이 되는 거예요.

입에 들어간 음식이 항문으로 나오기까지는 대략 24~48시간이 걸려요. 즉, 오늘 먹은 음식은 보통 내일이나 모레쯤 똥이 되지요. 지금부터 그 과정에 대해 알아봐요!

❶ 입   ❹ 소장
❷ 식도   ❺ 대장
❸ 위   ❻ 직장

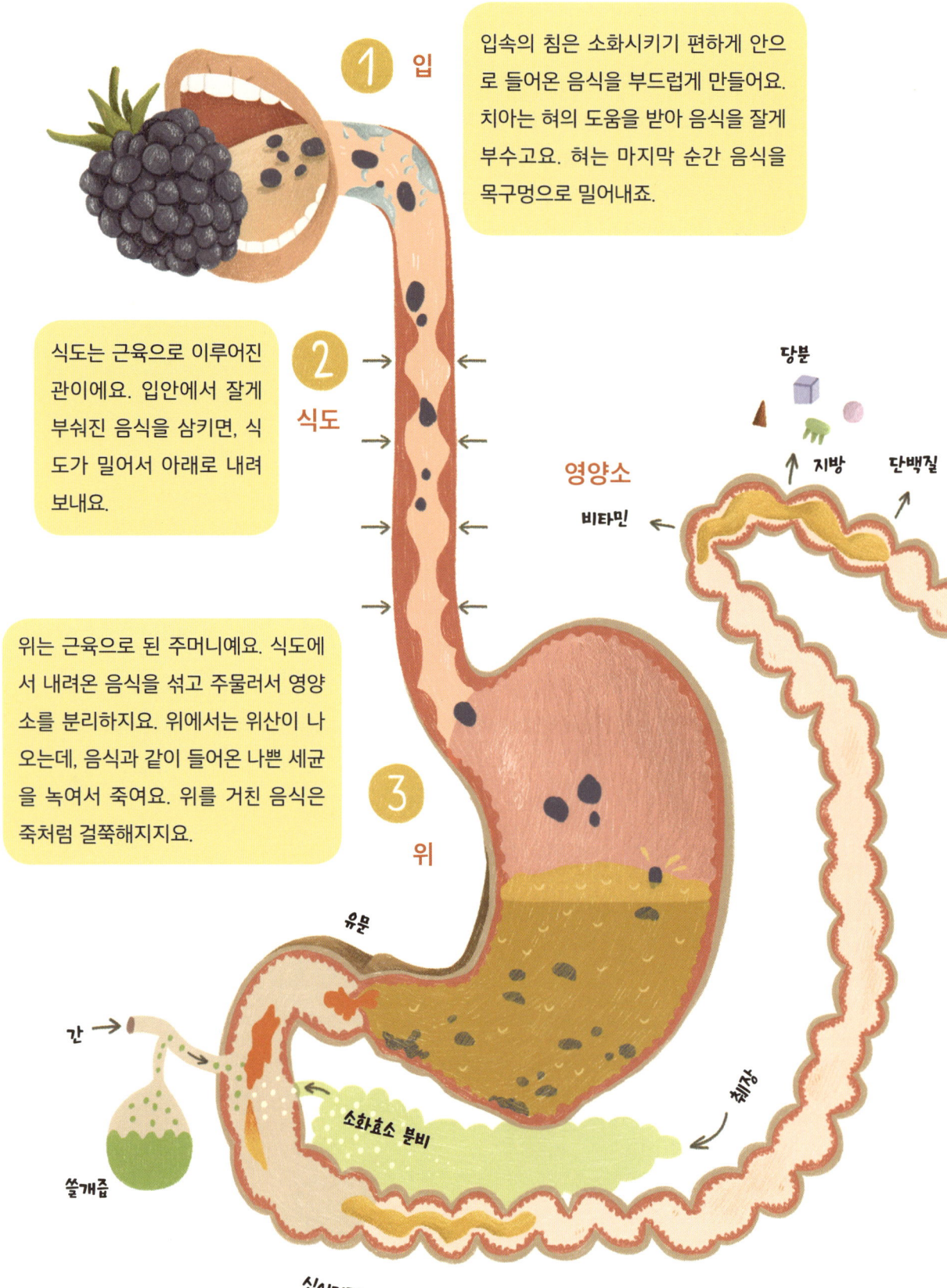

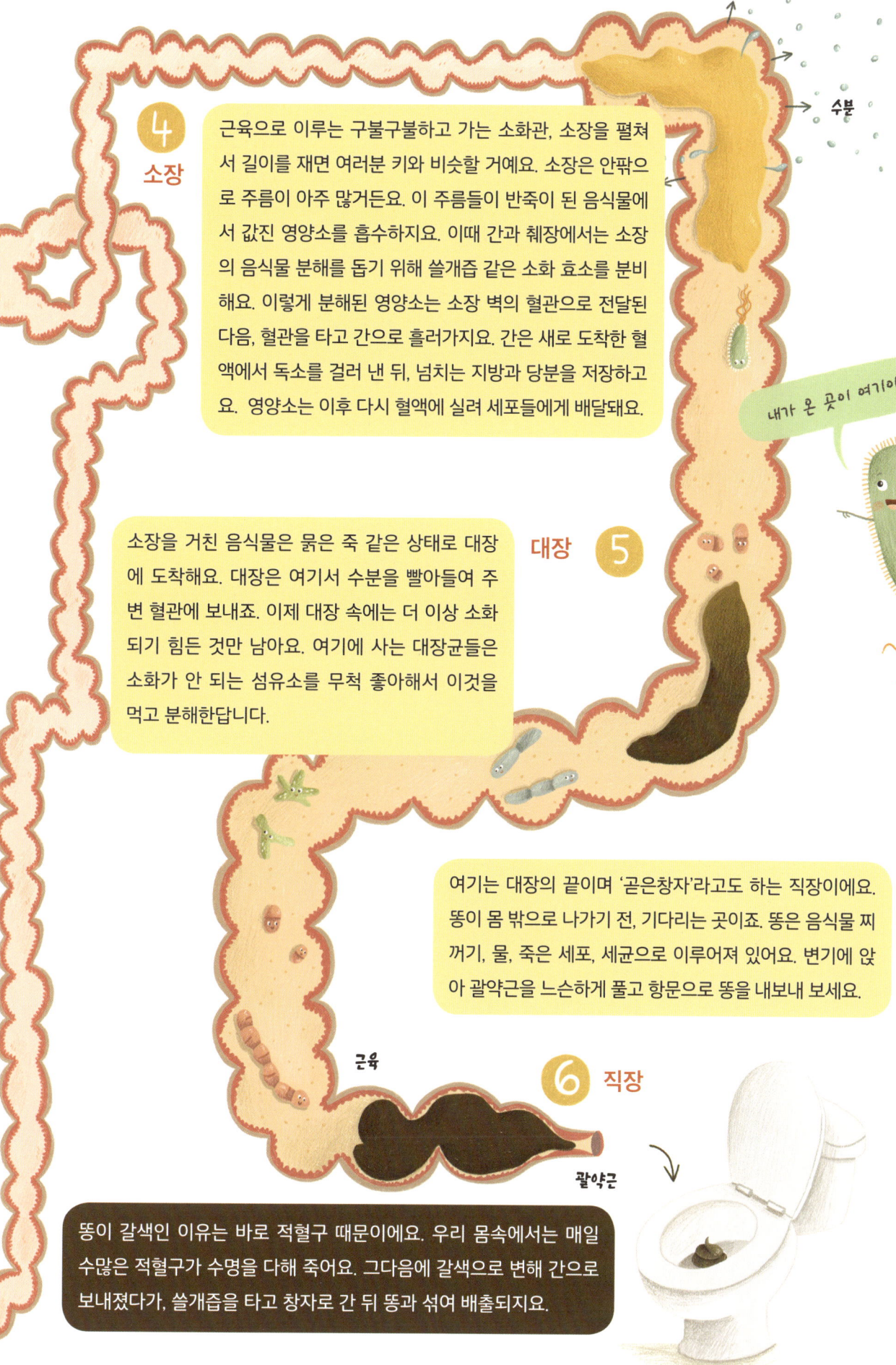

냄새의 마법

7장
콧물 속에서 피어난 우정

어둑어둑한 몸속에 다시 적응해서 주변을 둘러볼 여유가 생긴 씩씩이는 코 안쪽을 향해 조금씩 들어갔어요.

"히이익! 나 끈끈이로 가득 찬 컵을 밟은 거 같아!"

듬듬이와 쩝쩝이가 조심조심 가까이 와서 점막을 자세히 들여다봤어요. 듬듬이가 설명했어요.

"얘네들은 잔세포들이야. 여기서 콧물이 만들어지는 거고."

쩝쩝이가 키득거리며 말했어요.

"크크크, 뭔가 내 발을 자꾸 간지럽혀!"

"아마 섬모 세포들일 거야. 이 촘촘한 털들이 콧속 점액을 뒤쪽, 그러니까 인두 쪽으로 보내는 거야."

씩씩이가 아늑함을 느끼려는 듯 눈을 감았어요.

"으음, 발이 따뜻해져서 기분이 좋은걸. 내 발밑에 가느다랗고 따스한 혈관이 지나가나 봐."

그러다 갑자기 몸을 부르르 떨었어요.

"위쪽에서 코로 들어오는 바람이 꽤 차갑네?"

듬듬이가 감탄하며 말을 이었어요.

"그래서 코가 하는 일이 중요해. 몸으로 들어오는 찬 공기를 덥히고, 깨끗하고 촉촉하게 만들지. 그렇게 폐가 딱 좋아하는 상태로 공기

인두가 뭘까요?

인두는 코와 입의 안쪽이에요. 목으로 이어지는 문 같은 곳이죠. 공기, 음식, 물이 여기를 지나 다음 장소로 가요. 인두에는 후두개라는 덮개가 있어요. 음식을 삼킬 때 공기가 지나가는 기도를 닫아서 음식물이 기도로 잘못 넘어가지 않도록 해 주죠. 가끔 후두개가 제대로 안 닫힐 때가 있는데 그때 사레가 들리는 거예요. 마시던 도중에 음료가 코로 올라와 뿜은 경험이 있죠? 이처럼 음식이나 공기가 평소와 반대 방향으로 올라올 때도 있답니다. 참고로, 입안 구강 바로 뒤에는 편도가 있어요. 인두 입구에 자리 잡고 있는 편도는 병원균이 들어오면 낚아채는 일을 해요. 인두를 지키는 파수꾼인 셈이죠.

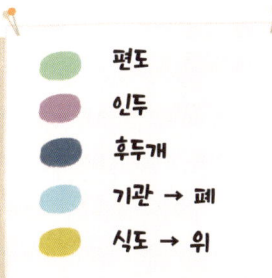

- 편도
- 인두
- 후두개
- 기관 → 폐
- 식도 → 위

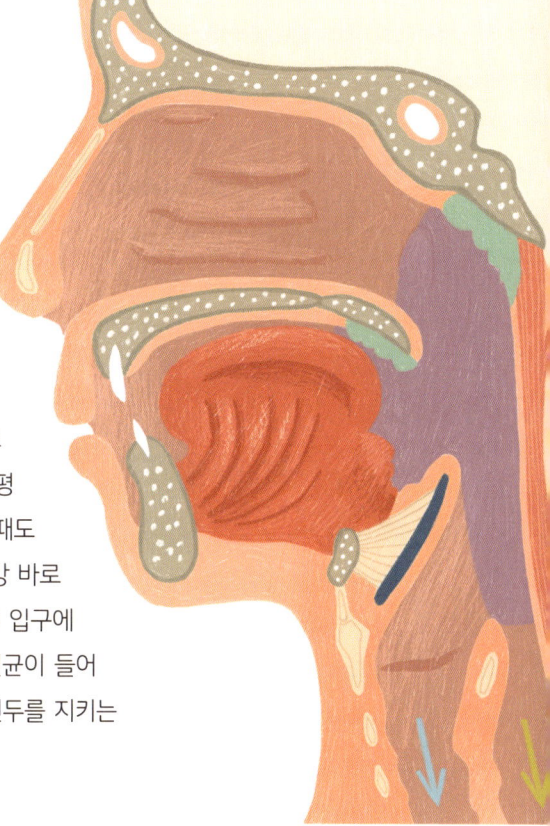

를 바꿔 주는 거야."

씩씩이가 고개를 갸우뚱하며 중얼거렸어요.

"어, 나는 코가 냄새 맡는 곳인 줄 알았는데."

듬듬이가 킥킥 웃으며 대답했어요.

"맞아, 냄새 맡는 곳! 코 안쪽 윗부분에 후각 상피가 있어."

그 말에 씩씩이는 고개를 아래로 떨구면서 말했어요.

"마음대로 비웃어. 내가 바보란 걸 나도 알아. 너희는 모르는 게 없는데 나는 아무것도 모르니까."

그러자 듬듬이가 씩씩이를 덥석 안았어요.

"바보라니. 그럴 리가 없잖아, 씩씩아! 자꾸 우물쭈물 고민하느라 시간만 보내는 나와 달리 너는 눈 딱 감고 빨리 행동하잖아! 게다가 힘도 장사지!"

쩝쩝이도 한숨을 폭 내쉬며 말했어요.

"난 씩씩이 너처럼 용감해지고 싶어. 알잖아, 내가 얼마나 겁쟁이인지. 지금도 인호가 재채기만 안 하면 좋겠다고 빈다고."

씩씩이가 친구들을 보며 활짝 웃었어요.

"나도 너희가 아는 게 많아서 진짜 다행이라고 생각해. 쩝쩝이, 넌 어디가 위험한지 훤히 꿰잖아. 듬듬이, 너는 걸어 다니는 백과사전인데다 굉장히 다정하고."

듬듬이의 얼굴에 웃음꽃이 피었어요.

"우리 다 각자 특별한 점이 있네! 뽕뽕이도 그렇고!"

쩝쩝이가 눈살을 찌푸리며 물었어요.

"뽕뽕이도? 그게 뭔데?"

씩씩이가 싱글거리며 답했어요.

"최고로 귀엽게 생긴 거, 그리고 방귀 천재인 거!"

쩝쩝이와 듬듬이가 와락 웃음을 터뜨리자 씩씩이도 따라서 큰 소리로 웃었어요.

냄새의 마법

후각 경고등

코로 공기를 들이마시면, 공기 속의 아주 작은 냄새 분자들이 코 안쪽 위 작은 동전만 한 크기의 후각 상피로 가요. 냄새 정보는 후각 세포에서 후각 신경으로, 후각 신경에서 뇌로 보내지지요. 후각 신경에서 정보를 받은 뇌는 이전에 저장해 놓은 수많은 냄새 정보를 불러와 현재 냄새를 파악하고요. 참고로 같은 냄새를 맡아도 사람마다 다른 감정을 느낄 수 있어요. 만약 여러분이 수영을 좋아한다면 수영장에서 흔히 나는 염소 냄새를 맡는 순간 신이 날 거예요. 하지만 물을 무서워한다면 염소 냄새에 불안해지기만 하겠죠. 이와 같은 맥락으로, 인간의 후각은 훌륭한 경고등이기도 해요. 불이 나가거나 음식이 상하면 냄새로 '위험 신호'를 알려 주잖아요?

폐를 지키는 코

코는 사실 폐를 위해 일하는 기관이기도 해요. 숨을 들이쉬어서 폐가 원하는 산소를 받아들이고, 폐가 이산화탄소를 밀어 올리면 밖으로 배출하죠. 한편 폐는 따뜻하고 촉촉한 공기를 좋아해요. 그래서 코는 점막 안을 지나는 혈액의 온기로 밖에서 들어온 공기를 따뜻하게 덥혀요. 콧물은 건조한 공기를 촉촉하게 만들고요. 끈적거리는 콧물은 먼지와 세균을 잘 붙잡아서 폐를 안전하게 지키지요. 초파리 같은 조금 더 큰 이물질들은 코털이 알아서 걸러 주기도 해요. 아주 춥고 건조한 겨울에는 코가 하는 일이 더 많아져요. 콧속 혈액이 더 활발히 흐르게 콧물을 더 열심히 만들어야 하거든요. 그래야 꽁꽁 언 추위에도 폐로 가는 공기를 따스하게 만들고 촉촉하게 만들 테니까요.

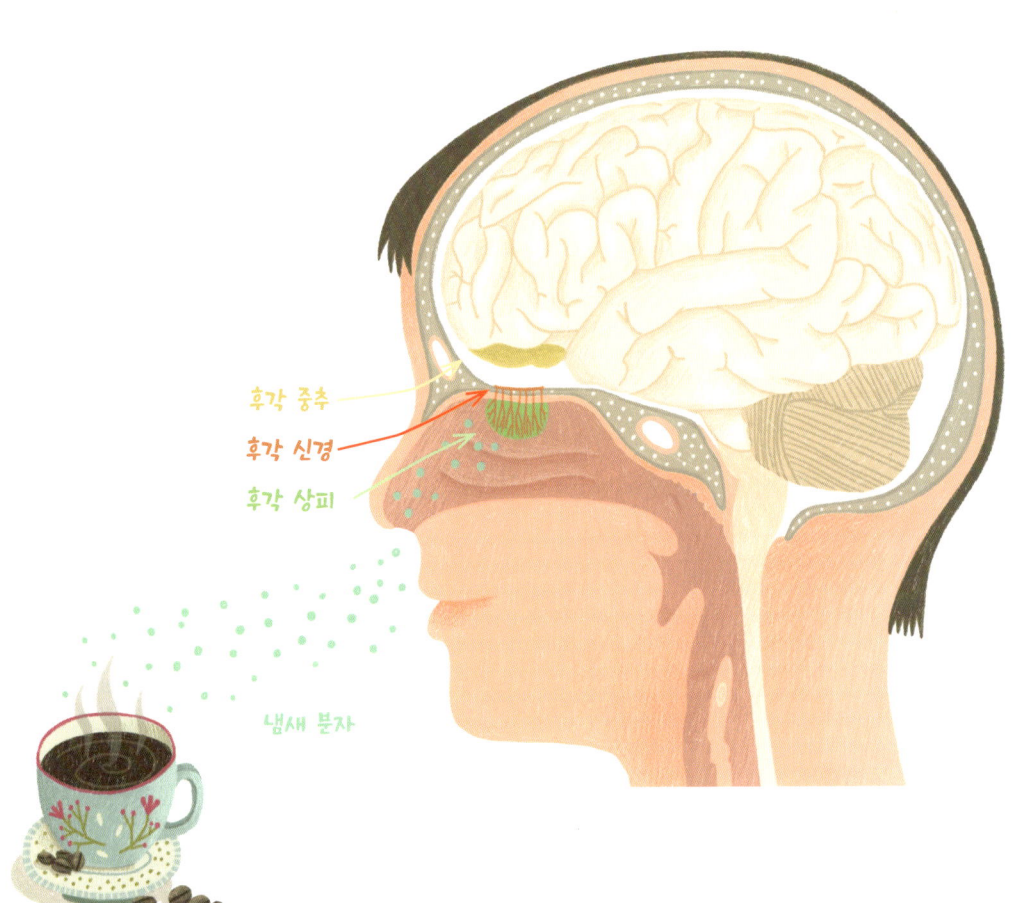

냄새 맡기 실험

치약, 계피, 샤워 젤을 냄새만으로 구분할 수 있나요? 오이, 바나나, 초콜릿은요? 아래 그림처럼 눈을 가리고, 냄새만으로 접시 위 물건이 무엇인지 맞혀 보세요! 손으로 만져 보는 건 반칙이에요! 어떤 냄새가 제일 좋나요? 또, 뭐가 제일 지독한 냄새인가요? 오른쪽처럼 내가 좋아하는 냄새, 싫어하는 냄새를 목록으로 정리해 봐요!

이건 차향 같은데? 캐모마일인가?

무슨 차 냄새를 가장 좋아해?

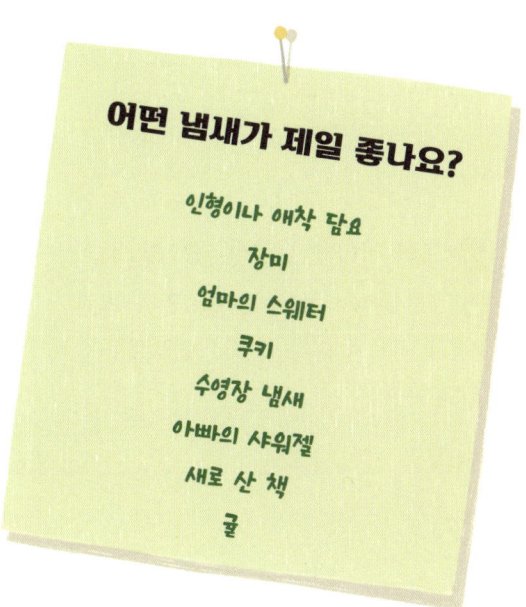

어떤 냄새가 제일 좋나요?

인형이나 애착 담요
장미
엄마의 스웨터
쿠키
수영장 냄새
아빠의 샤워젤
새로 산 책
굴

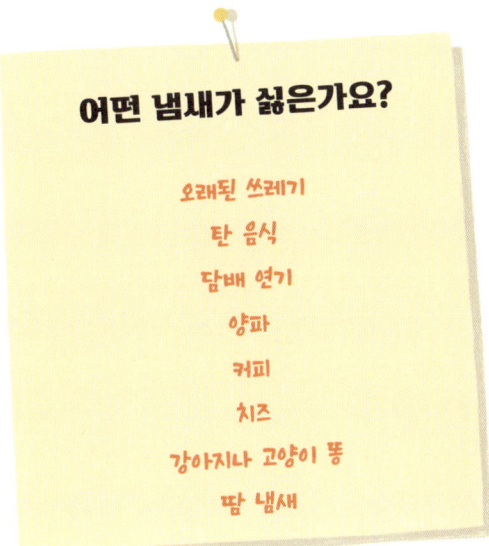

어떤 냄새가 싫은가요?

오래된 쓰레기
탄 음식
담배 연기
양파
커피
치즈
강아지나 고양이 똥
땀 냄새

익숙하지만 낯선 냄새

학교에서 열심히 수업을 듣던 중, 갑자기 오줌이 마려워 화장실에 잠깐 다녀온 적 있나요? 그런 적이 있다면 교실에 다시 들어온 순간 퀴퀴하고 탁한 냄새가 코를 찌른 기억이 있을 수도 있겠네요. 그런 적이 있다면 분명히 이렇게 생각했을 거예요.

'이상하네. 화장실 가기 전까지는 분명 교실에서 아무 냄새도 나지 않았는데!'

사실 이건 당연한 일이예요. 우리 코는 어느 정도 시간이 지나면 냄새에 익숙해지거든요. 그러나 잠깐 그 냄새와 멀어졌다가 다시 맡게 되면 새롭게 느끼게 되죠.

우리 몸 보호대

8장 위험한 만남

씩씩이는 한 걸음 더 인두 쪽으로 걸어갔어요. 그때 듬듬이가 끄응 신음 소리를 내더니 살며시 쩝쩝이에게 뿡뿡이를 건넸어요.

"점점 뿡뿡이가 무거워지네. 잠깐 안아 줄래? 앗, 눈을 떴어!"

쩝쩝이는 마지못해 손을 뻗어 뿡뿡이를 받아 안았어요.

"뭐, 잠깐은 괜찮아. 제발 그사이에 방귀는 안 뀌면 좋겠는데."

갑자기 얼어붙는 뿡뿡이 표정을 모습을 본 듬듬이가 속삭였어요.

"겁내지 마. 쩝쩝이는 너를 먹지 않아."

그런데 씩씩이 쪽으로 고개를 돌린 쩝쩝이도 뿡뿡이처럼 얼어붙었어요. 그러더니 숨죽인 목소리로 씩씩이를 향해 말했어요.

"씩씩아, 빨리 돌아와!"

이어서 후다닥 콧속 주름 뒤로 숨어서 뽕뽕이를 조심조심 내려놓았어요. 듬듬이도 쩝쩝이를 따라 숨었지요. 친구들에게로 돌아온 씩씩이는 고개를 갸웃했어요.

"왜 그래? 이제 콧물 파도는 안 일어날 거 같은데?"

쩝쩝이가 기겁해서 속삭였어요.

"목소리 낮춰! 저쪽에 크왕과 떨거지들이 있어. 크왕은 가장 덩치 크고 못된 깡패 세포야. 소문으로는 건강한 정상 세포도 그냥 재미 삼아 먹어 치운대. 저기 두 떨거지 세포를 데리고 휘젓고 다니면서

우리 몸이 같은 편 세포를 공격한다고요?

크왕은 아무 잘못도 없는 세포를 잡아먹는 못된 면역 세포예요. 우리 몸은 보통 어떤 것이 무해한 '우리 편'이고 어떤 것이 '나쁜 적'인지 정확히 구별하지만, 가끔 면역 체계가 오류를 일으켜서 우리 몸을 이루는 건강한 세포들을 공격하기도 하거든요. 그래서 멀쩡한 세포가 망가지는 바람에 아프기도 해요. 이런 걸 '자가 면역 질환'이라고 부르지요. 원인은 아직 정확히 밝혀지지 않았지만, 누구든 이런 병에 걸릴 수 있어요. 건강한 생활 습관을 지녔더라도요. 이런 자가 면역 질환의 대표적인 예가 제1형 당뇨병이지요. 이 병의 원인은 여러 가지이고, 아주 어릴 때부터 시작돼요. 달콤한 간식을 많이 먹어서 걸리는 게 아니라고요.

모두를 겁주고 위협하는 녀석이야. 한번은 글쎄…….."

씩씩이는 나지막히 쩝쩝이의 말을 끊었어요.

"저기…… 이미 쟤네가 우리를 본 거 같아."

씩씩이의 속삭임에 움찔 놀란 쩝쩝이는 몸이 완전히 굳어 버렸어요. 듬듬이는 그 와중에도 정신을 차리려고 노력했어요.

"도망치기는 늦었어. 빨리 무슨 수라도 떠올려야 해."

그때 귀청을 때리는 듯한 크왕의 음성이 들려왔어요.

"오호라, 이게 뉘신가? 조그만 꼬마 세균 하나에다, 못 보던 세포가 두 마리나 있네? 다 여기 있으면 안 되는 놈들 맞지? 전채 요리, 본 요리, 후식까지! 아주 안성맞춤이네!"

떨거지 세포 둘도 장단 맞추듯 기분 나쁘게 킬킬거렸어요. 크왕은 쩝쩝이를 쳐다보며 이렇게 말했어요.

"대체 여기서 뭐해? 왜 이 녀석들이랑 여기에 같이 있는 거야?"

쩝쩝이는 덜덜 떨면서도 없는 용기를 끌어 모아 말했어요.

"얘, 얘네들은 내 친구들이야! 그리고 저 세, 세균은…… 그러니까, 어, 맞아. 내가 막 먹으려고 했어!"

크왕은 못된 표정으로 이죽거렸어요.

"아, 그래? 어서 먹어! 세균을 먹는 게 네 일이잖아. 솔직히 너무 쪼끄매서 먹어 봐야 간에 기별도 안 가겠네. 크크."

그러더니 듬듬이와 씩씩이 쪽을 돌아보고 이렇게 덧붙였어요.

"하지만 이 두 녀석은 어떤 맛일지 궁금한데? 어, 너 뭐해? 세균 안 먹어? 그럼 내가 먹는다? 너도 오늘 내 밥으로 만들어 주마!"

듬듬이가 허겁지겁 친구들 앞을 막아서며 소리쳤어요.

"잠깐! 너희 아무것도 모르는구나! 쩝쩝이가 왜 이 세균을 안 먹는지 알아? 먹으면 바로 죽는 독성 물질로 가득 차 있기 때문이야!"

크왕은 잠깐 멈칫하더니, 일부러 크게 소리 내어 웃었어요.

"나더러 그 말을 믿으라고? 어딜 봐도 평범한 대장균이잖아. 독성 물질이고 뭐고, 다른 세균들과 다르지 않아 보이는데?"

쩝쩝이가 떨리는 목소리를 간신히 다듬으며 거들었어요.

"자세히 봐. 평범한 대장균하고는 다르잖아. 안 보여? 하긴, 넌 평소에 온갖 이상한 걸 다 먹어 치우지. 하지만 세포들을 죽이는 독성 물질이라면? 과연 네가 무사할 수 있을까?"

크왕은 한껏 기가 꺾인 듯 부루퉁한 말투로 대답했어요.

"아무리 봐도 평범해 보이는데, 위험한 구석은 전혀 없어 보이고."

의심스럽다는 듯한 크왕의 말에 쩝쩝이가 더듬더듬 외쳤어요.

"당, 당연하지! 일부러 평범한 척 위장한 거잖아. 그래야 너희 같은 애들이 아무 생각 없이 와서 독을 삼키니까!"

씩씩이도 허둥지둥 말을 보탰어요.

"가만히 있다가 가까이 오면 와악! 공격하는 거야. 그러곤 독선 문질을, 아니 참, 곡썬 문질이던가? 그러니까……."

듬듬이가 잽싸게 속삭였어요.

"독성 물질."

씩씩이가 다시 의기양양하게 외쳤어요.

"내 말이! 독성 물질!"

크왕이 사납게 고함쳤어요.

"내가 그 말을 믿을 거 같아? 당장 한입에 삼켜 버리겠어. 그러고도 너희가 들어갈 배가 남아 있을 테니 걱정 붙들어 매서, 으하하!"

크왕은 못된 표정으로 세 친구를 쏘아보며 기분 나쁜 웃음을 지었어요. 그러곤 뿅뿅이를 향해 몸을 구부렸지요. 그 순간 뭔가 '빵' 하고 터지는 듯한 소리가 나더니, 귀를 찢는 비명이 잇달았어요.

"살려 줘! 괴물이 공격했어! 푸아앗, 고약한 냄새! 도망쳐, 다들 도

망치라고! 독성 물질이 우리에게 병을 옮기기 전에 어서!"

크왕과 두 떨거지 세포가 서로 엎치락뒤치락 아우성을 치며 코 안쪽으로 허둥지둥 달아났어요. 바닥에 털썩 주저앉아 눈을 감은 채 울음을 터트린 듣듣이는 크왕과 떨거지 세포들이 도망갔다는 사실을 알아차리지 못했지만요.

"저놈이 뿡뿡이를 잡아먹었어! 엉엉."

그때 듣듣이 곁의 씩씩이가 신나서 소리쳤어요.

"와, 뿡뿡이가! 어떻게 딱 필요한 순간에 대왕 방귀를 뀐 거야?"

쩝쩝이도 크게 웃음을 터뜨렸지요.

알레르기가 생기는 이유는 뭘까요?

꽃가루, 고양이 털, 땅콩, 집 먼지 등에 과민 반응을 일으키는 사람들이 있죠? 모두 면역 세포가 지나치게 열심히 싸우는 탓이에요. 몸속 경보가 잘못 울린다고나 할까요? 이런 증상을 '알레르기'라고 해요. 한국 어린이들은 10명 중 3~4명이 알레르기를 경험한대요. 전염성이 없고, 살갗이 간지럽거나 콧물 또는 눈물 정도로 끝나는 경우도 많기 때문에 가볍게 생각하기 쉽지만 증상이 심하면 숨 쉬기가 힘들거나 정신을 잃기도 해요. 그러니 만약 알레르기가 의심된다면 최대한 그 물질을 멀리하고, 의사 선생님과 상담해서 천천히 알레르기 물질에 익숙해지도록 면역 치료를 해 봐요.

"대체 저 작은 배 속에 가스가 얼마나 차 있었던 거야! 방귀가 얼마나 센지 뽕뽕이가 로켓처럼 저 위로 붕 날아갔다 왔어!"

친구들의 이야기에 듬듬이도 점점 무슨 일이 벌어졌는지 깨달을 수 있었어요.

"뭐? 폭발 소리가 뽕뽕이 방귀 소리였다고? 끔찍한 비명 소리는 크왕이 지른 거고? 뽕뽕이가 살아 있다고?"

울음을 그친 듬듬이는 펄쩍 뛰어 일어나더니 뽕뽕이를 덥석 부둥켜안았어요. 쩝쩝이와 씩씩이도 마음을 놓고 서로를 안았지요. 이번에도 친구들은 무사했지만, 정말 아슬아슬했어요.

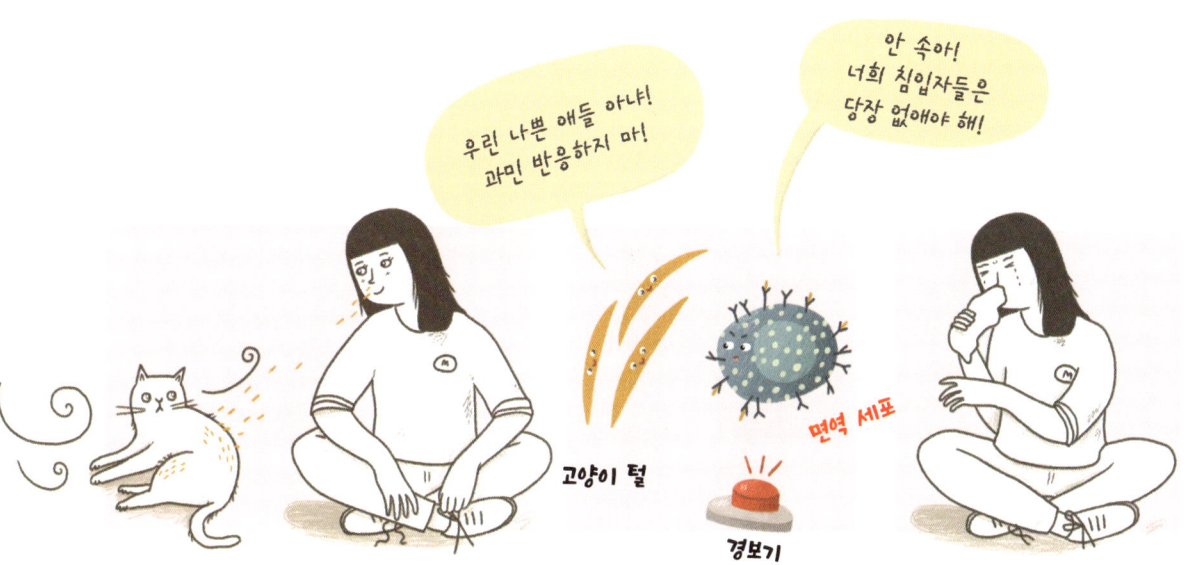

우리 몸 보호대

제자리에서 방어 준비!

평상시 알아차리기는 어렵지만, 우리 몸은 바이러스나 병원균 같은 불청객을 막아 낼 준비가 잘돼 있어요. 곰팡이나 벌레도 꼼짝 못하죠! 이곳저곳에 잘 훈련된 전문 수비대들이 자기 자리에서 맡은 바 역할을 해 내니까요. 이 같은 방어 체계를 '면역 체계'라고 해요. 아프지 않고 건강하게 살아가려면 면역 체계가 튼튼해야 한답니다.

적의 공격을 막는 철통 수비대

우리 몸 곳곳에는 태어날 때부터 나쁜 이물질들이 들어오지 못하게 막는 문지기들이 버티고 있어요. 일단 피부가 바깥쪽의 산성 보호막으로 몸을 보호하죠. 코털은 재채기로 침입자를 쫓아내고요. 입속 점액은 나쁜 물질에 엉겨 붙어서 몸속으로 들어가지 못하게 만들어요. 살균 성분과 항생 물질이 가득한 침과 눈물은 침입자들을 효과적으로 씻어 내지요. 만약 침입자가 모든 문지기들을 제치고 몸속으로 들어오면 어떻게 해야 하냐고요? 그때는 식세포들이 밖에서 들어온 병원체 등, 침입자들을 삼킴으로써 우리 몸을 지켜 준답니다.

작은 것 하나도 놓치지 않는 지원군들

감당할 수 없을 만큼 침입자가 많다면 어떻게 해야 할까요? 식세포, 즉 백혈구에는 이럴 때 대비한 전문가들이 존재해요. 바로 침입자의 존재를 알리는 보조 세포와 침입자들을 잡아먹는 킬러 세포로 이루어진 '림프구'예요. 림프구는 아주 섬세하고 물샐 틈 없는 방어 능력을 자랑하지요. 한편, 형질 세포는 면역력을 키워 주는 항체를 만들어요. 항체는 항원, 즉 세균이나 독소를 물리치려는 목적으로 딱 맞게 설계된 작은 블록 같은 거예요. 항체가 여러 항원을 붙잡아 덩어리로 만들어 버리면, 몸이 묶인 항원들은 우리 몸에 더 이상 해를 입히지 못해요. 그럼 식세포들이 이 같은 항원 덩어리를 맛있게 먹어 치운답니다.

면역 완료!

우리 몸의 면역 세포들은 마치 지문을 감식하듯 침입자를 알아봐요. 이런 일을 하는 세포들을 '기억 세포'라고 부르죠. 기억 세포들은 한 번이라도 만나 본 침입자들을 바로 알아차리고, 공격을 지시해요. 우리 몸이 그 병원체에 '면역'이 된 거예요. 예방 접종의 원리도 이와 같아요. 예방 주사에는 힘이 약해진 병원체, 또는 그 일부가 들어 있지요. 이것들이 주사기를 통해 우리 몸에 들어오면 우리 몸은 열심히 항체를 만들어 내요. 강력한 병원균이나 바이러스가 침입하면 미리 만들어 둔 항체로 빠르게 방어 태세를 갖추기 위해서요.

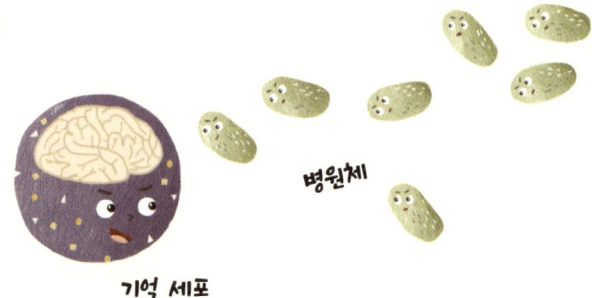

너희가 올 줄 알고 다 대비했지! 눈 깜짝할 새 없애 주마!

기억 세포 / 병원체

펄펄! 병원체 무찌르기

왜 아프면 열이 날까요? 아프다는 건 몸속으로 수많은 병원체가 쳐들어왔다는 거예요. 체온이 높아지면 병원체들은 약화되고, 면역 세포들은 더 빠릿빠릿하게 일하죠. 그래서 뇌가 체온을 높이라고 명령하는 거예요. 만약 열이 난다면 물을 많이 마신 다음, 몸이 건강해질 때까지 충분히 쉬어야 해요.

몸도 마음도 튼튼!

어떻게 하면 튼튼한 몸을 유지할 수 있는지 알고 있나요? 지금부터 튼튼한 몸을 유지하는 방법을 알려 줄게요. 첫째, 신선하고 영양소가 풍부한 음식을 꼭꼭 씹어 먹어요. 둘째, 물을 자주 마셔요. 셋째, 낮에는 최대한 많이 움직여요. 넷째, 잠을 충분히 자야 해요! 그리고 좋아하는 일을 자주, 많이 하는 것도 추천해요. 밝고 편안한 기분일수록 우리 몸속의 면역 에너지도 가득 충전되니까요. 반대로 스트레스가 심하면 면역 에너지가 빠르게 소진되지요. 그러니 건강한 하루하루를 보내려면 너무 심한 스트레스를 받으면 안 되겠지요? 그런데 어떻게 해야 스트레스를 피할 수 있는 걸까요? 또, 이미 쌓여 버린 스트레스는 어떻게 해야 해소될까요? 내가 어떤 상황에서 가장 심하게 스트레스를 받는지, 또 어떤 활동을 할 때 스트레스가 사라지는지 고민해 봐요..

할 일이 너무 많거나,
공부는 하나도 안 했는데
시험을 앞두고 있어서 불안한가요?
압박감 탓에 스트레스가 심하다면
심호흡과 함께 스트레칭을 해 봐요.

콧속 연구소

9장
끈적끈적 콧물을 묻히고 집으로!

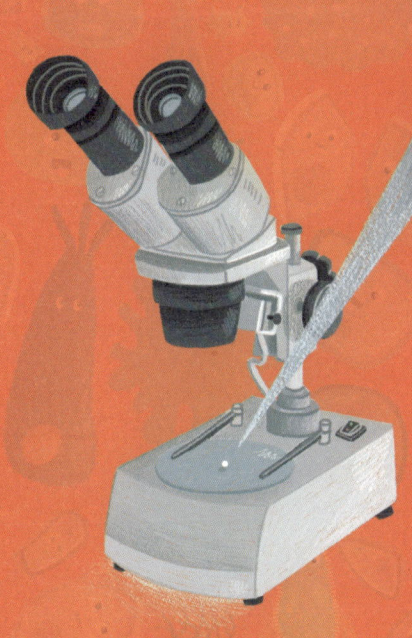

쩝쩝이가 듬듬이를 바라보며 흐뭇하게 웃었어요.

"어떻게 독성 물질이라고 둘러댈 생각을 했어?"

듬듬이는 흐뭇해하는 쩝쩝이에게 쑥스럽게 대답했어요.

"나는 크왕이 그 말을 믿은 게 더 신기해."

씩씩이는 신이 난 듯 펄쩍펄쩍 뛰었어요.

"오늘은 행운의 날이야! 처음에는 콧물 엘리베이터가 우리를 구하더니, 이번에는 뿡뿡이의 대왕 방귀가 우리를 살렸어!"

쩝쩝이는 일부러 심술궂게 대꾸했어요.

"엄청나게 불행한 날이 아니고? 눈물 홍수에서 겨우 벗어났나 했더니 인호 몸에서 제일 못된 세포들과 마주쳤잖아."

"그러니까 더욱더 내 방식으로 이야기해야지!"

말을 마친 씩씩이는 기분이 좋은지 폴짝폴짝 뛰어다니기 시작했어요. 쩝쩝이는 긴장이 풀렸는지 점막에 패인 주름에 기대앉았고요. 듬듬이도 쩝쩝이 옆에 앉았지요. 그런데 품속에서 행복하게 잠든 뽕뽕이를 보자 어마어마한 피곤이 몰려왔어요. 당연하죠! 오늘 정말 어마어마한 모험을 했잖아요. 듬듬이는 슬슬 쉬고 싶어졌어요. 그래서 마음을 다잡고 자기 옆에 앉은 쩝쩝이에게 말을 붙였지요.

"쩝쩝아."

쩝쩝이는 차분한 목소리로 대답했어요.

"응?"

듬듬이는 한 단어, 한 단어 고민하며 말을 골랐어요.

"너랑 씩씩이랑 같이한 여행은 정말 대단했어. 저기 목구멍 뒤로 넘어가 보는 일도 은근히 재미있어 보이고. 그런데 난 솔직히…… 모험은 여기까지만 하면 어떨까 싶어."

그 말에 쩝쩝이도 '파아' 하고 한숨을 내쉬었어요.

"나도 그래! 실은 아까부터 팔꿈치에 있는 내 아지트, 그 조용한 동굴이 그리워졌거든."

듬듬이가 골똘히 생각하는 말투로 물었어요.

"씩씩이한테 어떻게 말하지? 쟤한테는 지금부터가 본격적인 몸속 탐험일 텐데?"

그때 씩씩이가 스케이트 타듯 미끄러지며 다가왔어요.

"연습하니까 점점 더 재미있네! 얘들아 봐, 여기 콧물이 미끌미끌해서 미끄럼 타기 딱 좋아!"

그러다가 딱 멈추더니, 갑자기 무안한 듯 고개를 떨어뜨렸어요.

"그런데 얘들아, 나 할 말 있어. 너희는 분명 앞으로도 여행을 계속하고 싶겠지? 솔직히 너희한테 이렇게 말하기 부끄럽지만, 사실 이제 좀 조용히 쉬고 싶어."

듬듬이와 쩝쩝이는 서로 밝은 표정으로 눈을 마주쳤어요. 그러더니 듬듬이가 씩씩이를 보며 말했어요.

"아, 그래? 사실 조금 전까지 이번에는 어디로 뭘 보러 갈지 다음 목적지를 정하던 참이었는데. 에이, 어쩔 수 없지, 뭐. 네가 정 돌아가고 싶다면, 그래야지."

듬듬이가 쩝쩝이에게 찡긋 한쪽 눈을 감아 보였어요.

"뭐야, 너희 나 놀리는 거지!"

씩씩이가 짐짓 화난 투로 듬듬이의 머리에 콧물을 뿌렸어요. 그러자 듬듬이도 키득거리면서 씩씩이에게 콧물 한 줌을 던졌어요.

"으으윽, 한시도 가만히 있지 못하는 얄미운 개구쟁이!"

씩씩이가 반격하며 두 번째 콧물 폭탄을 던졌어요.

"신경질쟁이 촉각 세포!"

이번에는 듬듬이가 피하는 바람에, 쩝쩝이의 가슴에 콧물이 쏟아지고 말았어요.

"어쭈, 힘자랑 잘하는 근육 세포 녀석이!"

쩝쩝이가 큰 소리로 웃으며 콧물 한 덩어리를 퍼서 씩씩이에게 던졌어요. 하지만 그 순간 발을 헛디뎌서 콧물이 듬듬이를 덮치고 말았어요. 그러자 듬듬이가 분한 듯 외쳤어요.

"이 겁쟁이 식세포가!"

세 친구는 서로에게 야유를 퍼부으며 콧물 공을 던지고 맞고 놀았어요. 한 번은 콧물로 뒤범벅된 쩝쩝이가 온몸이 미끌거리는 바람에, 뽕뽕이를 놓치고 말았어요. 뽕뽕이는 주르르 미끄러져서 콧물 웅덩이에 풍덩 떨어지더니 또 한 번 '뿌웅' 하고 시원하게 방귀를 뀌었답니다.

세 친구는 지쳤지만 한껏 느긋한 기분으로 둘러앉아, 인호의 팔로 다시 돌아가는 길을 토론했어요. 쩝쩝이가 머릿속에 떠오르는 대로 줄줄 읊었어요.

"아마 맨 처음에는 안각 정맥으로 들어가면 될 거야. 그럼 자동으로 오른쪽 심장으로 가게 돼. 그럼 폐로 갔다가 다시 왼쪽 심장으로 돌아올 거고. 그러면 대정맥을 거쳐 빗장뼈 밑동맥으로 간 다음, 다시 왼쪽 팔 위 겨드랑 동맥으로 가면 돼. 거기부턴 내가 길을 잘 아니까 식은 죽 먹기지!"

씩씩이가 도통 모르겠다는 표정을 지으며 듬듬이에게 물었어요.

"방금 쩝쩝이가 한 말, 무슨 소리인지 혹시 알아들었니?"

듬듬이가 고개를 가로저으며 말했어요.

"아니, 그럴 리가. 거기에 더해, 나는 지금 뭘 새로 배울 기운이 남지 않았어."

씩씩이 얼굴에 가벼운 미소가 떠올랐어요.

"나 방금, 네가 훨씬 더 좋아졌어."

그때 쩝쩝이가 기지개를 펴며 하품을 했어요.

"얘들아, 근데 졸리지 않니?"

듬듬이는 끄덕였어요.

"지금 잠들면 꿈도 안 꾸고 푹 잘 수 있을 것 같아."

씩씩이가 마지막으로 씩씩하게 외쳤어요.

왜 꼭 잠을 자야 하나고요?

혹시 놀고 싶은 마음에 졸려도 잠들지 않으려고 애쓰고 있지 않나요? 하지만 잠자지 않고 살아갈 수는 없어요. 각자 조금씩 다르기는 하겠지만, 인간은 대부분 평생의 3분의 1 정도를 잠자는 데 쓰지요. 지금부터 그 이유를 알아볼게요. 먼저, 인간의 뇌는 잠든 상태에서 낮 동안 겪은 일을 처리해요. 중요한 정보만 기억에 남기고, 그렇지 않은 것들은 지워 버리지요. 잠들지 못한다면 머릿속이 얼마나 뒤죽박죽이 될까요? 게다가 우리가 잠드는 밤에는 성장 호르몬이 나와요. 초등학생들은 하루 10시간 정도 자야 건강하게 쑥쑥 자랄 수 있지요. 우리 몸을 튼튼하게 만들어 주는 면역 체계도 이 시간에 힘을 키우고요. 심지어 잠만 잘 자도 머리가 좋아진대요. 이래도 여전히 잠들기가 싫은가요?

"우리 얼른 집으로 돌아가자! 잠은 집에서 자야지."

삼총사는 바로 혈액에 몸을 던졌어요. 쩝쩝이는 아주 능숙하게 방향을 잡았고, 씩씩이는 혈관을 오르내릴 때마다 한껏 속도를 즐겼죠. 듬듬이도 굳게 마음먹고 사이사이 실눈을 떴고요. 주변을 둘러보고 싶어서요. 듬듬이 품속의 뽕뽕이는 자기가 어디로 가는지도 모르고 쿨쿨 잠만 잤지요.

삼총사는 마침내 처음 출발했던 왼쪽 팔꿈치 동굴에 도착했어요! 듬듬이는 도착하자마자 씩씩이에게 뽕뽕이를 넘겼지요.

사람은 모두가 꿈을 꿀까요?

잠에는 여러 단계가 있어요. 깊이 잠든 숙면 단계에 대해 먼저 알아볼까요? 이 단계에서 우리 몸은 체력을 열심히 충전해요. 또, 꿈 수면 단계에서는 꿈속에서 낮 동안 겪은 일들을 처리하지요. 참고로, 모든 사람은 꿈을 꿔요. 깨어나서 기억하지 못할 때도 많지만요. 어쨌든 우리가 매일 꾸는 꿈은 종류도 다양해요. 일단 평소 바라던 일이 이루어진 좋은 꿈에 대해 이야기해 볼까요? 이런 꿈은 보통 '길몽吉夢'이라고 해요. 만약 꿈속에서 새처럼 자유롭게 하늘을 날면 얼마나 신날까요! 이와 반대로, 괴물한테 쫓기는 무서운 꿈은 '악몽惡夢'이라고 이야기하지요. 여러분은 아주 근사한 꿈을 꿔 봤나요? 그건 어떤 꿈이었나요?

"잠깐 뽕뽕이 좀 들고 있어 줄래?"

내내 뽕뽕이를 안고 있느라 솔직히 너무 힘들었거든요. 씩씩이는 군말 없이 뽕뽕이를 받아 들었어요. 새근새근 잠든 뽕뽕이는 씩씩이의 품속에 머리를 비비며 파고들었지요.

한편, 자기 보금자리에 도착한 쩝쩝이는 바닥에 털썩 주저앉으며 말했어요.

"와, 여행이란 정말 힘들구나. 이렇게 집에 오니까 너무너무 좋아."

그러고는 쩝쩝이는 곧 듬듬이와 씩씩이를 당황한 눈빛으로 쳐다보았어요.

"아참, 너희한테는 여기가 집이 아니지!"

그러고는 풀 죽은 목소리로 말을 이었어요.

"너희는 원래 있었던 새끼손가락으로 되돌아가고 싶겠지……?"

그러자 듬듬이가 친구들을 둘러보며 말했어요.

"아, 그게 말이야, 솔직히…… 여기 너희랑 이렇게 있으니까 진짜 집 같아. 새끼손가락보다 훨씬 더 편해."

씩씩이도 비장한 목소리로 말을 보탰어요.

"어디 세포 열 마리가 와서 끌고 가 봐라! 내가 그 지루한 손가락 근육으로 다시 돌아가나!"

쩝쩝이가 설레는 목소리로 친구들에게 물었어요.

"그 말은 여기서 나랑 같이 살겠다는 뜻이니?"

듬듬이가 활짝 웃으며 대답했어요.

"네가 받아준다면! 삼총사는 역시 함께 있어야지."

씩씩이가 주변을 둘러보면서 이야기했어요.

"다음번에는 좀 더 제대로 준비해서 모험을 떠나자."

쩝쩝이가 버럭 하며 큰 소리로 말했어요.

"으앗, 모험은 이제 지긋지긋해! 이제 위험천만한 여행은 절대, 두 번 다시 안 해! 음…… 그래도 뭐, 귀라면 혹시 모를까?"

그 말에 씩씩이가 신나서 위아래로 방방 뛰었어요.

"날름날름 헛바닥은 어때?"

듬듬이도 기대감에 차서 말했어요.

"뇌도 무척 궁금해!"

그러다 뽕뽕이를 보더니 덧붙였어요.

"대장도 좋겠다!"

세 친구는 서로를 조용히 쳐다보며 눈빛을 주고받았어요. 그때였어요. 뽕뽕이가 귀엽게 뽕 하고 방귀를 뀌었지요. 셋은 "와하하" 하고 웃음을 터뜨렸답니다.

콧속 연구소

콧물의 행방은!?

주르르 흐르는 콧물을 훌쩍훌쩍 삼켜 본 적이 있나요? 콧물이 흐르는 이유는 콧속에 들어온 병원체나 꽃가루 같은 이물질을 씻어 내기 위해서예요. 콧속 털들이 남은 콧물을 목 뒤로 밀어 보내면, 위 속에서 위산이 병원체와 이물질을 파괴하지요. 휴지로 코를 푸는 것도 콧물 속 이물질을 없애는 좋은 방법이에요. 하지만 너무 세게 풀면 안 돼요. 병원균들이 귓속으로 들어가서 염증을 일으킬 수도 있거든요.

코로 느끼는 맛

식사할 때 한 번 코를 막아 봐요. 음식 맛이 제대로 느껴지나요? 코를 막지 않았을 때와는 어떻게 다른가요? 뇌는 코가 보낸 냄새 정보를 혀가 보내 준 정보와 더해서 다양한 심상을 만들어 내요. 그다음 '맛있다' 또는 '맛없다'라고 판단하죠. 고로 맛을 제대로 음미하려면 코의 도움이 필요하답니다.

에취!

재채기를 하는 이유는 콧속으로 들어온 이물질을 밖으로 내보내기 위해서예요. 만약 재채기가 나올 듯하면 억지로 참지 마세요. 잘못하면 원래 바깥으로 나가야 할 압력이 귀와 눈으로 가서 문제가 생길 수도 있거든요. 대신 재채기할 때는 반드시 옷소매나 손수건으로 입을 가려 주세요. 안 그러면 입 밖으로 튀어나온 바이러스가 다른 사람들을 아프게 할 수도 있거든요.

공기 보고서, 코딱지

동물들의 콧물은 대부분 액체 상태로, 굳지 않아요. 하지만 곧은 코를 지닌 유인원(직비원아목)들의 콧물은 말라서 코딱지가 되기도 하지요. 고릴라, 오랑우탄, 침팬지가 떠오르나요? 인간도 떠오른다고요? 맞아요. 인간을 포함한 직비원아목들은 코딱지만 봐도 주변 공기의 질을 알 수 있어요. 코딱지 색이 짙다면 오염과 먼지가 콧물에 많이 달라붙었다는 뜻이에요. 반대로 코딱지가 맑고 색이 연하다면 공기가 좋다는 뜻이지요.

만약 듬듬이, 씩씩이, 쩝쩝이처럼 우리 몸속을 탐험할 수 있다면 제일 먼저 어디에 가 보고 싶나요?

항상 시끌벅적 유쾌한 귓속에 가 볼 수 있다면! 귀지를 배 터지게 먹고, 고막 위를 방방 뛰면 얼마나 재미있을까? 상상만으로도 정말 재미있을 것 같아.

나는 위장에 가 보고 싶어! 칙칙 모든 걸 녹이는 위산을 요리조리 피해 소장을 지나 창자까지 내려가는 거지. 아슬아슬하고 위험하겠지만, 그만큼 짜릿하고 신날 것 같지 않아? 아, 생각만 해도 두근두근 설레!

당연히 심장이지! 빨랐다 느렸다, 위아래로 신나게 굽이치는 핏줄에 몸을 맡기면 롤러코스터를 타는 기분이겠지? 심장과 폐를 쉬지 않고 돌다 보면 "더 빨리, 더 빨리!" 하고 외칠지도 몰라.

이 밖에도 가 보고 싶은 곳이 있다면, 거기가 어딘지 말해 주세요!

몇십억 개의 특별함

우리 몸은 저마다 달라요. 머리카락과 피부는 물론 눈동자 색깔까지요. 이 세상에 생김새가 똑같은 사람은 없어요. 게다가 느끼고 생각하고 행동하고 말하는 방식도 각자 다르죠. 세상 사람들은 모두 서로 다른 특징과 능력을 지녔어요. 그리고 다들 자기만의 방식으로 온전하죠. 정말 다행이지 않나요? 만약 사람들의 생각과 행동이 죄다 비슷비슷하다면, 세상이 지금처럼 다양하고 재미있지 않을 테니까요.

소중한 내 몸 사랑하기

우리 몸은 배고픔, 피곤함, 아픔 등 절대 놓쳐서는 안 되는 신호들을 제때제때 보내 줘요. 그러니 몸이 신호를 보내면 그게 언제든 꼭 귀를 기울여 주세요. 더불어 다른 사람들의 눈길이나 평가에 개의치 말고, 스스로 좋아하는 부분을 자주 떠올리며 칭찬해 주세요. 여러분은 누구와도 비교할 수 없는 특별한 존재니까요. 지금 이렇게 외쳐 보세요.
"나는 나야. 나는 이대로 충분해. 나는 지금의 내가 좋아."

여러분은 자기 몸의 어떤 점이 좋은가요?

출발! 세포의 여행

초판 1쇄 인쇄 2025년 3월 21일
초판 1쇄 발행 2025년 4월 4일

글 요한나 클레멘트
그림 슈테파니 마리안
옮긴이 김시형
펴낸이 이범상
펴낸곳 (주)비전비엔피 · 그린애플

책임편집 신은정
디자인 이민선
마케팅 이성호 이병준 문세희 이유빈
관리 이다정
인쇄 새한문화사

주소 우) 04034 서울특별시 마포구 잔다리로7길 12 (서교동)
전화 02) 338-2411 | **팩스** 02) 338-2413
홈페이지 www.visionbp.co.kr
인스타그램 https://www.instagram.com/greenapple_vision
이메일 gapple@visionbp.co.kr

등록번호 제2021-000029호
ISBN 979-11-92527-84-0 (73470)

ⓒ 2025, 요한나 클레멘트

- 값은 뒤표지에 있습니다.
- 잘못된 책은 구입하신 서점에서 바꿔 드립니다.
- KC마크는 이 제품이 공통안전기준에 적합하였음을 의미합니다.

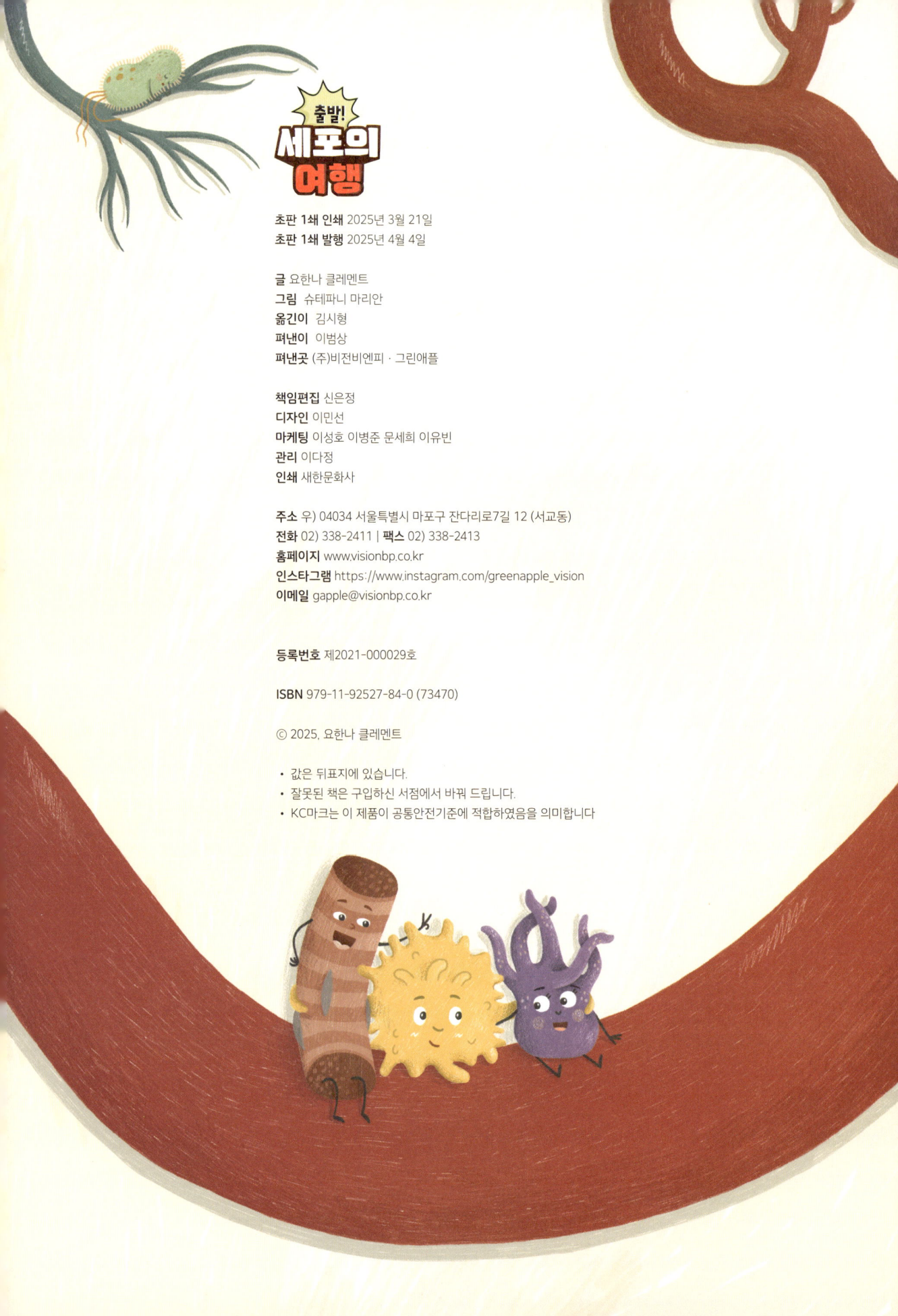